计算机构型设计及绘图实验教程

李 虹　马春生　等编著

国防工业出版社

·北京·

内 容 简 介

  本书结合作者多年教学经验与工程实践,从学习者的角度出发,以实践应用为主编著而成。本书以培养学生的创新意识和工程实践能力为目的,以构型设计为主线,通过各类典型构型实例,使学生在掌握构型设计基础知识和 AutoCAD 知识的同时提高空间思维能力、形体构思能力和创造思维能力及上机操作能力。本书共计 5 章内容,各章实例都给出了绘图步骤并附相应的示意图,图文并茂,便于读者阅读和学习。

  本书适合作为高等院校机械制图课程及 AutoCAD 课程的实验指导书,亦可与李虹、暴建岗主编的《画法几何及机械制图》(第 2 版)配套使用。

图书在版编目(CIP)数据

计算机构型设计及绘图实验教程/李虹等编著. —
北京:国防工业出版社,2014.8 重印
ISBN 978-7-118-07703-2

Ⅰ.①计... Ⅱ.①李... Ⅲ.①工程制图:计算机制图
– 高等学校 – 教材 Ⅳ.①TB237

中国版本图书馆 CIP 数据核字(2011)第 187024 号

※

国防工业出版社出版发行
(北京市海淀区紫竹院南路 23 号　邮政编码 100048)
北京奥鑫印刷厂印刷
新华书店经售
*
开本 787×1092　1/16　印张 5¼　字数 151 千字
2014 年 8 月第 1 版第 3 次印刷　印数 6001—8000 册　定价 26.00 元

(本书如有印装错误,我社负责调换)

国防书店:(010)88540777　　　发行邮购:(010)88540776
发行传真:(010)88540755　　　发行业务:(010)88540717

前　言

机械制图课程是工科类学生接触的第一门与工程有关的技术基础课,其主要目的是培养学生的工程设计及表达能力,此外它还具有外延的功能,即培养学生的空间思维能力、工程实践能力、设计创新能力和严谨认真的学习态度。而这些能力的培养和训练,为学生的创新意识和工程实践能力奠定了基础。

本书设计的实验教学内容,就是以培养学生的创新意识和工程实践能力为目的,以构型设计为主线,启蒙培养学生的空间思维能力、形体构思能力和创造思维能力。

构型设计作为一种现代设计理念,分形象思维和抽象思维两个过程,是一种创造性活动。加强构型能力,是培养学生创造和创新思维的重要手段。本书编写的实验教学内容,以机械制图课程为依托,结合专业,联系工程实际,引导学生进行构型设计通过模型或视图构造形体,实现设计思想的表达。

本书内容是基于 AutoCAD 环境,熟练掌握软件的应用与操作,包括平面构型设计、组合构型设计及视图表达、工程图的绘制和三维建模等等;读者可以根据实际情况选择学习的内容和调整实验安排。

本书所使用的示例经过反复挑选,既有利于学生掌握相关知识,又不失趣味性,在提高学生学习兴趣的同时,让学生学习到软件知识,培养了创新能力和工程实践能力。

本书由李虹、马春生主编,参与编著的有:李虹(第 1 章)、李艳兰(第 2 章)、马春生(第 3 章)、赵耀虹(第 4 章),全书由李虹统稿。

限于编者的水平,书中难免存在缺点和不足,恳请读者批评指正。

编著者
2011 年 7 月

目 录

第1章　平面图形构型设计

1.1　平面图形构型设计概述

在设计中,有什么好的构思、灵感,通常是先用平面图形来表达其轮廓特征,然后再修改、完善、造形。平面几何图形构型是二维构型,主要是利用几何图形及其组合来表达工业产品、设备和工具等,其依据来源于设计者对现有丰富产品的观察、分析、综合和改进。

本章主要介绍平面图形构型设计的一些基本原则和方法,通过对构型设计的学习,培养学生形体想象力、空间思维能力,尤其是创造思维的能力。

1.1.1　平面图形构型设计原则

1. 构型设计应表达功能特征

平面图形构型主要是进行轮廓特征设计,其表达的对象往往是工业产品、设备、工具等。构型设计不仅是仿形,更重要的是通过创造性思维,构造新的几何形状,表达其美观、新颖、适用等优点,尤其应将其特殊的功能和特点明显且充分地呈现出来。使用功能不同,其造型也随之不同。任何产品,都首先以功能为前提进行设计。

以汽车为例,构成车的主要单元是发动机、驾驶室、客货车厢、车轮,其代表符号如图1-1(a)所示。根据车的使用功能不同而形成不同的组合方式,从而构成大卡车、小客车、双层客车、残疾人用车等,如图1-1(b)~(g)所示。

2. 构型设计应注意工程化

工程化是指构型设计所设计的图形,其取材、描述和表达的对象主要应是工业产品、设备与工具等。如运输设备(车、船、飞机等)、日常生活用品(自行车、家具、家用电器)等。如图1-2所示是工程化构型设计。

3. 构型设计应便于绘图和标注尺寸

一般地说,便于绘图和标注尺寸的图形也便于加工制造,并具有良好的工艺性。因此在构型设计时应尽可能利用常用的平面图形和圆弧连接构型,避免采用自由曲线,这样便于用普通绘图工具进行作图和标注尺寸。图1-3所示为扳手设计图。

4. 构型设计应注意运用图形变换

在构型设计时,要学会将各类常用的图形(如正六边形、三角形、矩形、圆等)按一定规律进行变换,如利用偏移、阵列、旋转、缩放等设计出形态各异、寓意深刻的图案,如图1-4所示。

5. 构型设计应注意考虑美学、力学、视觉方面的效果

平面图形设计应考虑美学、力学、视觉等方面的整体效果,如图1-5所示。

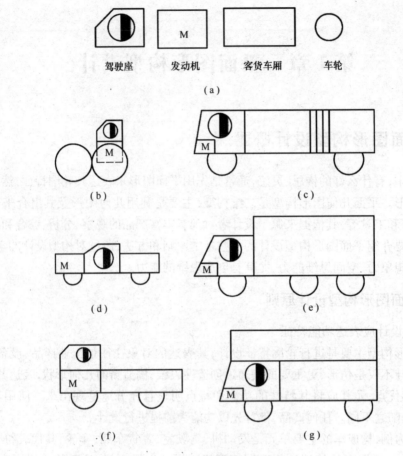

图 1-1　汽车构型表达功能特征

(a)汽车的基本单元;(b)残疾人摩托车;(c)双节客车;(d)小轿车、面包车;

(e)大货柜车;(f)卡车、小各车;(g)双层大客车。

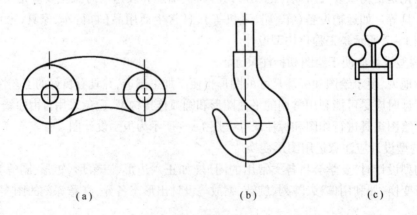

图 1-2　工程化图形设计

(a)连杆;(b)钓钩;(c)路灯。

2

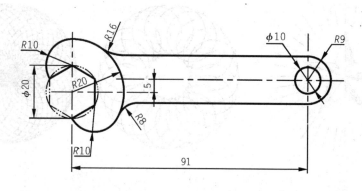

图1-3 便于标注尺寸的图形设计(扳手)

图1-4 平面图形变换的图形设计

1.1.2 平面图形构型设计的方法

1. 圆弧连接法

用圆弧连接方法进行平面几何图形设计,如图1-2、图1-3所示连杆、钓钩、扳手等的轮廓采用的就是圆弧相切的连接方式,符合人体工学的要求,使用时方便舒适。

2. 平面图案法

用各种图案进行排列组合进行平面几何图形设计,如图1-1、图1-4、图1-5所示。

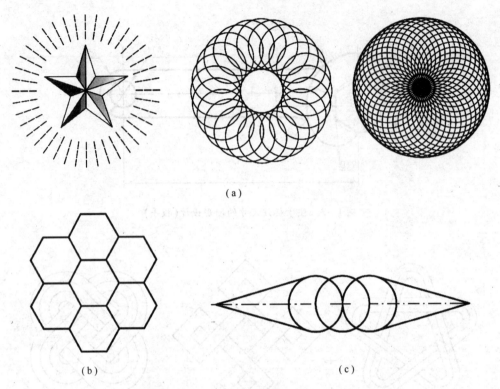

图 1-5 平面图形构型设计的整体效果

(a)表示动感;(b)表示对称稳定;(c)表示拉力平衡。

1.2 AutoCAD 绘制平面图形

1.2.1 概述

任何工程图样最终都可以看作由点、线、矩形、圆等几何图形组成,它们是组成 AutoCAD 图形的基本元素。AutoCAD 提供了大量绘图命令用来绘制各种图形对象。其中包括画点、画构造线、画多线、画正多边形、画圆及圆弧等,这些功能均可以从 AutoCAD 绘图工具栏(图 1-6)上调用。

图 1-6 AutoCAD 2008 的绘图工具栏

在图形的绘制过程中,对所画图线进行修改是不可避免的,AutoCAD 提供了常用的图形编辑命令来对图形进行修改,其中包括删除、复制、镜像、偏移、阵列、移动、旋转、比例缩放、拉伸、修剪等,这些功能均可以从修改工具栏(图 1-7)上调用。

图 1-7 修改工具栏

4

1.2.2　设置绘图环境

使用 AutoCAD 绘制平面图形,应根据需要首先设置绘图环境再进行绘图。绘图环境设置包括绘图单位、绘图界限、对象捕捉、正交模式、图层、文字样式、标注样式等的设置。

1. 对象捕捉

对象捕捉是 AutoCAD 精确绘图时不可缺少的、非常实用的定点方式,利用对象捕捉可以准确地找到一些常用特征点,对象捕捉包括自动捕捉和临时捕捉两种。

如果想设置持续有效的捕捉方式,可利用"草图设置"对话框(图 1-8)将常用的特征点如端点、中点、交点、圆心等设置为固定的捕捉对象,绘图过程中只要随时打开状态行的【对象捕捉】按钮即可实现自动捕捉。

对于不太常用的特征点,可以用临时捕捉方式进行单一对象捕捉,在绘图过程中,利用对象捕捉工具栏(图 1-9),需要哪种特征点直接点击相应的点标记,但此时每单击一次捕捉工具栏中的按钮,只作用一次。需要注意的是,对象捕捉不能单独使用,只有在执行 AutoCAD 相关绘图命令后,提示用户确定某一点(如指定圆心、第一点、另一点等)时才可以使用对象捕捉功能。否则,AutoCAD 命令窗口会给出类似于"未知命令"提示。

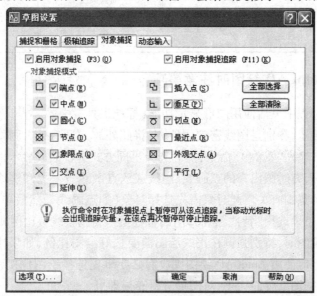

图 1-8　自动捕捉的草图设置

图 1-9　对象捕捉工具栏

2. 图层设置

图层设置是使用 AutoCAD 进行绘图前必不可少的环节,因为图层设置是 AutoCAD 中对图形进行管理的主要组织工具,合理设置图层可以使整个图形层次分明,方便修改。单击图层工具栏(图 1-10)上的【图层】按钮，打开"图层特性管理器"对话框,利用该对话框新建图层,并设置各图层的对象特性,如颜色、线型、线宽等。依据 CAD 国家标准规定线型宽度按表 1-1 设置,图线颜色按表 1-2 设置。

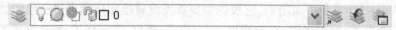

图 1-10 图层工具栏

表 1-1 CAD 图线宽度

组别	1	2	3	4	5	一般用途
线宽/mm	2.0	1.4	1.0	0.7	0.5	粗实线、粗点画线
	1.0	0.7	0.5	0.35	0.25	细实线、波浪线、双折线、虚线、细点画线、双点画线

表 1-2 CAD 图线颜色

图 线 类 型	屏幕上颜色	图 线 类 型	屏幕上颜色
粗实线	绿色	虚线	黄色
细实线		细点画线	红色
波浪线	白色	粗点画线	棕色
双折线		双点画线	粉色

1.2.3 使用 AutoCAD 绘图时注意事项

(1) 在画图过程中灵活使用图形显示功能(标准工具栏中),对所画图形进行必要的缩放显示,特别是图线密集的地方,将此处放大显示后再画图,操作要方便许多。或在命令窗口输入"ZOOM"命令,然后选择不同方式进行缩放显示也可以。

(2) 在绘图时,有时画出来的点画线、虚线或双点画线看上去和实线一样,这是和当前图形窗口的显示范围有关。此时只需先选择对象(如点画线),然后单击右键弹出快捷菜单,在弹出的菜单里选择"特性",在弹出的特性窗口中调整线型比例即可。

(3) 在手工绘图时,特别强调在正式绘图前要选好绘图比例,如果比例设置不当,可能导致重画图形。但使用 AutoCAD 绘图则没有必要事先选择绘图比例,通常都是按 1:1 绘图,画完后再根据图纸幅面大小,对图形进行布局即可。

(4) 对象追踪功能可以减少绘制辅助线的麻烦,从而提高绘图效率。在状态栏上单击【对象追踪】按钮或〈F11〉功能键可打开或关闭对象捕捉追踪模式。使用对象追踪功能的步骤如下:

① 移动光标到一个对象捕捉点(不要按下左键),等待出现"+"号,表示已获取该点。用相同的方式可以获得多个捕捉点。如果希望清除已得到捕捉点,可以将光标移回到获取标记上,AutoCAD 自动清除该点的获取标记。

② 从获取点移动光标,将给予获得点显示对齐路径(显示为点点构成的虚线)。沿显示的对齐路径移动光标,追踪到所希望的点。

(5) 在 AutoCAD 绘图过程中,输入法要切换在英文状态,否则容易出现无法画图等错误。

1.2.4 使用 AutoCAD 绘图示例

例 1-1 使用 AutoCAD 绘制图 1-11 所示 A3 图框和标题栏。

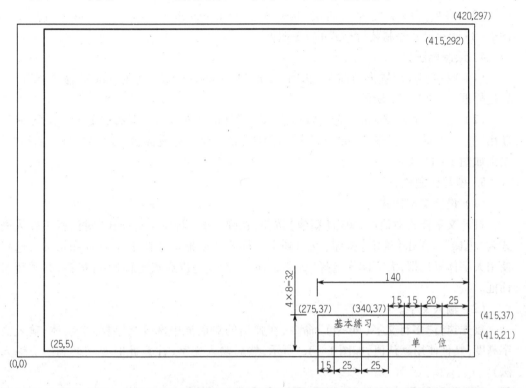

图 1-11 A3 图框及坐标尺寸

1. 新建图形文件。

单击【文件(F)】菜单选择"新建"或单击标准工具栏上的新建文件按钮□,系统将弹出选择样板的对话框,在对话框中选择"acadiso"文件名,然后打开即可。

2. 设置图层。

单击对象特性工具栏上【图层】按钮◆,打开"图层特性管理器"对话框,在对话框中点击"新建"◆按钮,新建 4 个图层,并设置各层的颜色、线型、线宽,特性设置如图 1-12 所示。

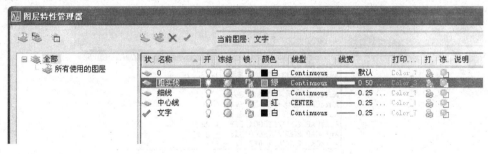

图 1-12 图层设置

3. 点选细实线层,将细实线层置为当前层,绘制 A3 图幅框。

(1) 使用"矩形(Rectangle)"或"直线"命令,按图 1-11 所示尺寸绘制矩形外框。

(2) 选用"缩放(Zoom)"命令将所绘图形全屏显示。

(3) 将粗实线层置为当前层,选用"矩形(Rectangle)"或"直线(line)"命令,按图 1-11 所示尺寸绘制装订格式的 A3 图框。

4. 绘制标题栏。

(1) 将粗实线层置为当前层,选用"矩形(Rectangle)"或"直线(line)"命令,绘制标题栏外框,如图 1-11 所示。

(2) 选用"缩放(Zoom)"命令将所绘标题栏外框全屏显示。点选细实线层为当前层,使用"直线(line)"或"偏移(offset)"和"修剪(trim)"命令完成标题栏内部各直线的绘制,结果如图 1-11 所示。

5. 填写标题栏。

(1) 设置文字样式。

打开文字样式对话框,单击【新建】按钮,在弹出的"新建文字样式"对话框里输入样式名"机械"。单击【确定】按钮,返回到文字样式对话框。选择字体为 gbenor. shx,选择使用大字体复选框,大字体下选择"gbcbig. shx",设置完成后点击【应用】按钮,并关闭对话框。

(2) 输入文字。

首先执行"多行文字(Mtext)"命令,在弹出的对话框中选择文字样式、字体、输入文字高度,其他使用默认值,如图 1-13 所示,然后输入文字(注意此时要切换到中文输入法)。

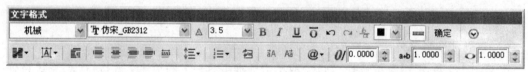

图 1-13　文字格式对话框

6. 保存图形文件。

AutoCAD 以". dwg"默认图形文件格式保存自身的图形文件,在文件类型选项中也可以将文件保存为其他形式,如图 1-14 所示。此时注意要根据 AutoCAD 版本选择保存类型,因为高版本能打开低版本下保存的文件,但低版本则不能兼容高版本下保存的文件。

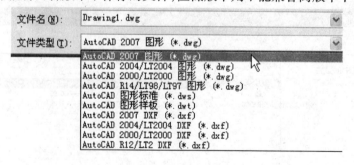

图 1-14　图形文件保存

如果以前保存并命名了图形,执行保存命令后所做的任何更改都将直接全部保存,不显示"图形另存为"对话框。如果是第一次保存图形,则显示"图形另存为"对话框。在"图形另存为"对话框中的"文件名"下,输入新建图形的名称(不需要扩展名),用鼠标左键单击"保存"即可。

7. 打印输出图形。

(1) 选择"文件""打印"命令后,弹出打印对话框,用户要设置打印机|绘图机的型号、图纸幅面大小、绘图比例、全图打印还是窗口打印等。设置完成后,单击"确定"按钮,系统将输出图形。若想中断打印,可按 Esc 键,系统将自动结束图形输出。在打印之前可以选择左下角"预览"按钮,预览输出结果,以检查设置是否正确。

(2) 如果试图在没有安装 AutoCAD 软件的电脑上打印 CAD 图,可以先将绘制好的 CAD 图以 PDF 格式输出,然后再打印即可。基本过程同(1),只是在设置打印机型号时选择"DWG To PDF. pc3",其余选项如图 1-15 所示。

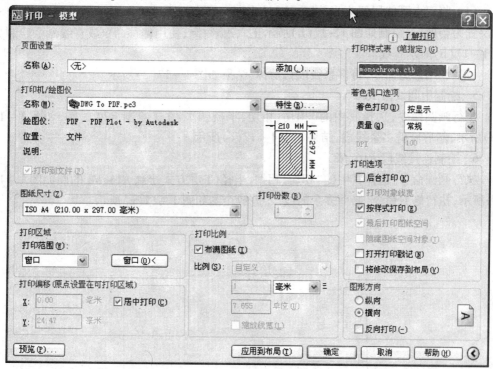

图 1-15　打印设置对话框

例 1-2　使用 AutoCAD 绘制图 1-3 所示的扳手。

1. 打开 AutoCAD 软件新建图形文件。

首先对图形进行线段分析,分析已知线段、中间线段和连接线段。在此基础上打开 AutoCAD 软件新建图形文件,开始绘制图形。

2. 设置图层。

单击对象特性工具栏上【图层】按钮，打开"图层特性管理器"对话框,在对话框中用鼠标左键击"新建"按钮,新建 4 个图层,并设置各层的颜色、线型、线宽,特性设置如图 1-16 所示。

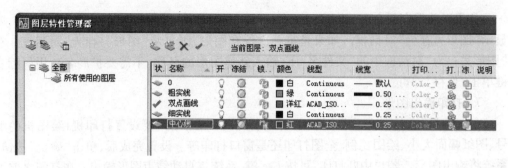

图 1-16 图层特性设置

3. 绘制图形的基准线。

将中心线层置为当前层。参考图 1-3 所示,绘制如图 1-17(a)所示的基准线。

4. 绘制已知线段。

(1) 将双点画线层置为当前层,绘制如图 1-17(b)所示正六边形的外接圆;将粗实线层置为当前层,绘制如图 1-17(b)所示正六边形、圆;使用偏移命令或直线命令绘制如图 1-17(b)所示直线。

(2) 利用修剪命令,将多余线段修剪掉,结果如图 1-17(c)所示。

5. 绘制中间线段 R20。

执行画圆命令,选择其中的"相切、相切、半径(T)"方式绘制 R20 的圆,如图 1-17(d)所示,然后修剪多余线段,结果如图 1-17(e)所示。

6. 绘制连接线段 R16、R8。

执行画圆命令,选择其中的"相切、相切、半径(T)"方式绘制 R16、R8 的圆如图 1-17(f)所示,执行修剪命令,修剪多余的线段,完成全图如图 1-17(g)所示。

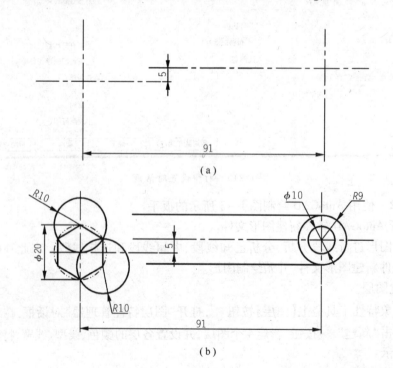

(a)

(b)

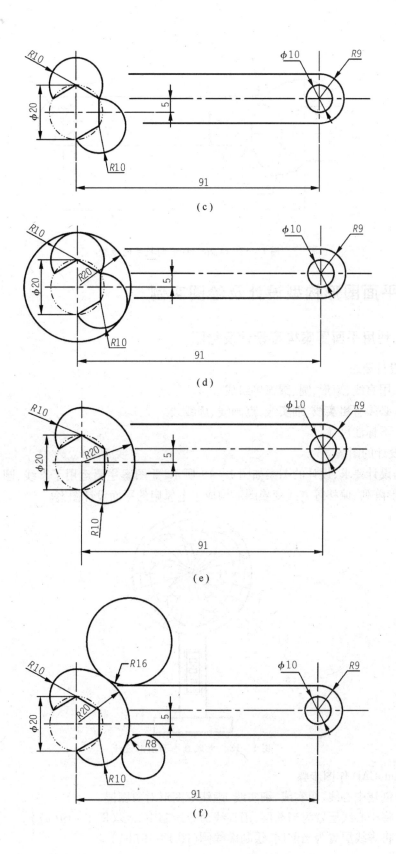

(c)

(d)

(e)

(f)

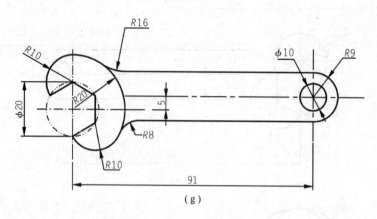

（g）

图 1—17　AutoCAD 绘制扳手的步骤

1.3　平面图形构型设计及绘图实例

1.3.1　利用平面图案构型设计及绘图

1. 设计要求

（1）用直线、矩形、圆、圆弧等组成。

（2）必须有粗实线、细实线、点画线、虚线。

（3）不标注尺寸。

2. 设计的图案

根据设计要求,设计的图案如图 1—18 所示,此图案主要运用了直线、圆、矩形、环形阵列、矩形阵列、偏移等方式变换图形构成了电风扇的平面设计图案。

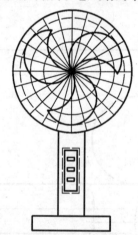

图 1—18　电风扇平面图形设计

3. AutoCAD 作图步骤

（1）创建中心线、粗实线、细实线、虚线等图形对象图层。

（2）将中心线层置为当前层,用直线命令绘制中心线（图 1—19（a））。

（3）将虚线层置为当前层,绘制虚线圆（图 1—19（b））。

（4）将粗实线层置为当前层,绘制粗实线圆（图1-19(c)）（提示:在绘制小圆时,选择两点方式）。

（5）采用环形阵列方式,阵列粗实线小圆（图1-19(d)）,并修剪掉多余图线（图1-19(e)）。

（6）用直线命令、矩形命令和镜像命令绘制电风扇底座（图1-19(f)）。

（7）用矩形命令、矩形阵列绘制电风扇开关按钮,用偏移命令（此时将虚线层置为当前层）绘制开关座虚线边框（图1-19(g)）。

（8）删除中心线,用圆、直线、环形阵列命令绘制电风扇网罩（图1-19(h)）,最终结果见图1-19(i)。

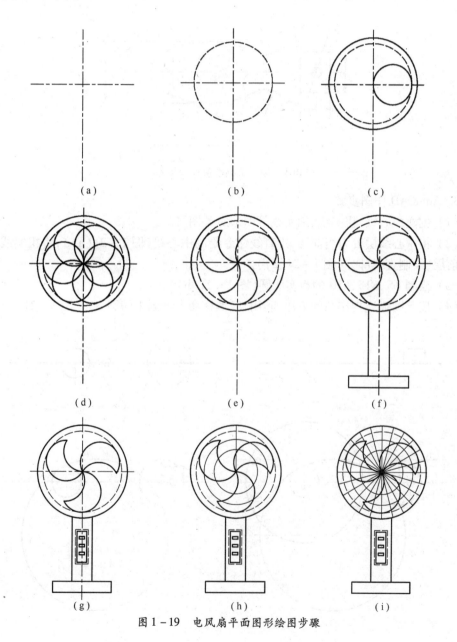

（a）　　　　　　　　（b）　　　　　　　　（c）

（d）　　　　　　　　（e）　　　　　　　　（f）

（g）　　　　　　　　（h）　　　　　　　　（i）

图1-19　电风扇平面图形绘图步骤

1.3.2 利用圆弧连接构型设计及绘图

1. 设计要求

（1）包含圆弧与直线相切、圆弧与圆弧内切与外切，并有中间线段（或中间弧）。

（2）能基本反映某种工程产品或机件的形状特征（手柄、连杆、钓钩、板类零件等）。

（3）不标注尺寸。

2. 设计的方案

根据设计要求，设计的图案如图 1-20 所示，此图案主要运用了圆弧连接构型方法构型了手柄的平面图形，此设计具有极强的工程性、功能性，又便于绘图和标注尺寸。

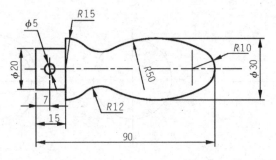

图 1-20　手柄平面设计图形

3. AutoCAD 作图步骤

（1）创建中心线、粗实线、细实线等图形对象图层。

（2）将中心线层置为当前层，用直线命令绘制中心线（图 1-21(a)）；将粗实线层置为当前层，绘制直线部分（图 1-21(a)）。

（3）绘制 $\phi5$、$R15$、$R10$ 的粗实线圆（图 1-21(b)）。

（4）按照圆弧连接作图的方法，利用圆、偏移命令绘制中间圆 $R50$（图 1-21(c)），删

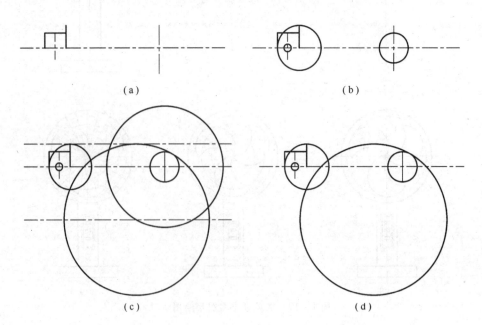

（a）　　　　　　　　　　　　　（b）

（c）　　　　　　　　　　　　　（d）

14

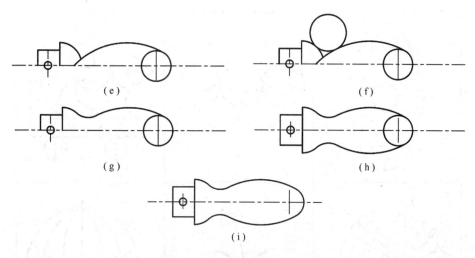

图 1－21　手柄的绘图步骤

除多余图线,结果如图 1－21(d)所示,修剪多余图线,结果如图 1－21(e)所示。

　　(5)利用圆命令,选择相切、相切、半径方式绘制连接圆弧(图 1－21(f))。

　　(6)修剪多余图线,结果如图 1－21(g)所示。

　　(7)利用镜像命令完成图形另一半(图 1－21(h))。修剪、删除多余图线,结果如图 1－21(i)所示。

1.3.3　平面图形构型设计参考图例(图 1－22)

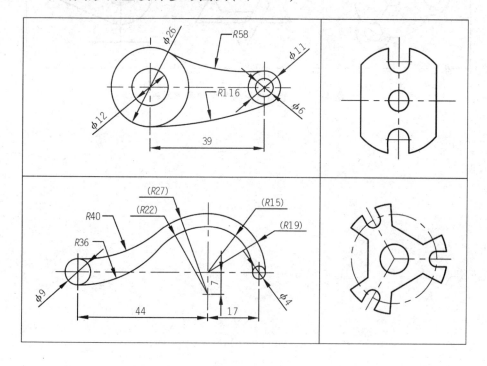

15

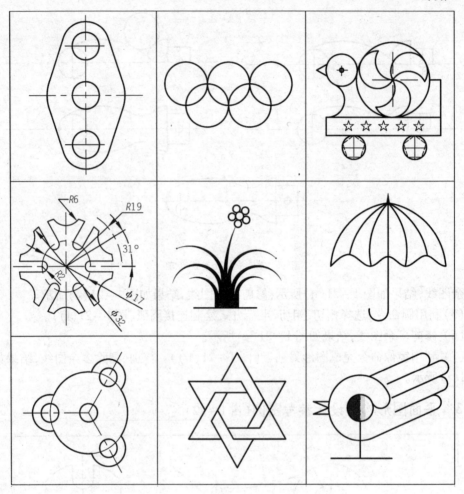

图 1-22　平面图型构型设计参考图例

1.4 实验一 平面图形构型设计

一、实验目的

1. 掌握平面图形构型设计的原则和方法,提高学生的形象思维能力和创新能力。

2. 掌握计算机绘图基本知识:

(1) 练习 AutoCAD 系统的启动、退出和文件存盘等计算机基本操作命令。

(2) 熟悉 AutoCAD 的界面和菜单结构。

(3) 掌握 AutoCAD 创建图层的方法。

(4) 掌握 AutoCAD 中命令的输入和数据输入的方法。

(5) 建立 AutoCAD 精确绘图的理念。

(6) 掌握使用 AutoCAD 的常用绘图命令和修改命令绘制图形。

3. 掌握圆弧连接的平面图形绘制方法和步骤。

二、实验内容

1. 参照例 1-1 的示例步骤,使用 AutoCAD 绘制 A3 图纸的图幅框、图框及简化标题栏。

2. 参照 1.3 节介绍的两种构型方法自行设计两种不同的平面图形。

(1) 完成平面图案构型设计 4 个(具体要求见预习报告二)。

(2) 完成圆弧连接构型设计 2 个(具体要求见预习报告二)。

3. 用 AutoCAD 将所设计的图形绘制在一张 A3 图幅内。

4. 完成预习报告,用 A4 纸打印出所绘制的 A3 图幅内平面构型设计图形。

三、实验准备

平面图形构型设计预习报告(一)

班级_____ 学号_____ 姓名_____ 成绩_____

序号	题 目	答 案
1	平面构型设计的一般原则是什么?	
2	AutoCAD 绘图中有哪些命令输入方法?	
3	在执行直线命令的同时是否可以执行对象捕捉命令,为什么?	
4	图层有哪些特性?	
5	AutoCAD 中要输入相对坐标(10,20)的点应怎样输入?输入绝对坐标(10,20)的点应怎样输入?	
6	简述修剪命令如何操作?	
7	利用夹点功能可以实现哪些对象编辑命令?	

平面构型设计预习报告(二)

班级_____ 学号_____ 姓名_____ 成绩_____

序号	题目要求	设计方案	
1	(1) 用直线、矩形、多边形、圆、圆弧等组成; (2) 必须有粗实线、细实线、点画线、虚线; (3) 不标注尺寸; (4) 构型4个平面图形,画在右侧表格中。		
2	(1) 包含圆弧与直线相切、圆弧与圆弧内切与外切,并有中间线段(或中间弧)等; (2) 能基本反映某种工程产品或机件的形状特征(如手柄、连杆、钓钩、板类零件等); (3) 不标注尺寸; (4) 构型两个平面图形,画在右侧表格中。		

四、实验报告

按以上实验要求,在 A3 图幅内绘制所设计的平面构型设计图形,并用 A4 纸打印出。

18

第2章 构型设计及视图表达

形体构型就是在某些限定条件下,为达到某种限定功能而构建几何体的一个过程。是根据已知条件,以基本体为主,利用各种创造性思维方式构型设计组合体的形状、大小并表达成图样的过程。在组合体的构型设计时要把空间想象和型体表达有机结合起来,这样既能发展空间想象力、开拓思维,又能提高画图、读图能力,培养创新意识和开发创造能力。

2.1 立体截交线的绘制

2.1.1 平面截切平面立体的截交线

平面立体的截交线是平面立体和截平面的共有线,是由直线组成的平面多边形,多边形的边是截平面与平面立体表面的交线,多边形的顶点是截平面与平面立体相关棱线(包括底边)的交点。

截交线的绘制步骤:求出平面立体各棱线与截平面的交点,然后依次把所求的交点连接起来即为所求的截交线。

下面给出绘制平面立体被平面截切后求截交线的方法。

例2-1 已知一正六棱柱被一正垂面截切后的主视图和俯视图,求作左视图(如图2-1所示)。

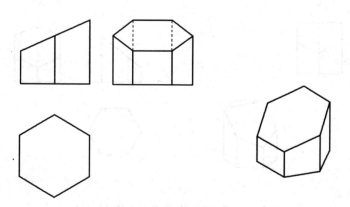

图2-1 正垂面截切六棱柱

如图2-1所示,正六棱柱被一正垂面截切后所得的截交线围成一个平面的六边形。要想求出六边形的投影只要将组成六边形的6个顶点在3个投影面上的投影找到,然后将这6个点的同面投影顺次连接就可得到截交线的投影。

作图步骤：

（1）首先画出没有截切的完整六棱柱的左视图，注意保持与主视图高平齐，与俯视图保持宽相等（此时可以利用对象追踪或作辅助线来实现），如图2-2(a)所示。

（2）打开菜单栏上的"格式"——"点样式"设置点的格式，利用"点"命令标出截平面与棱线的6个交点在左视图上的投影，并顺次连接，如图2-2(b)所示。

（3）利用"修剪"命令将实体上被截掉的轮廓线的投影去掉，如图2-2(c)所示。

（4）利用删除命令去掉左视图上点的投影，检查并补画出实体上存在但不可见的图线（用虚线表示），如图2-2(d)所示。

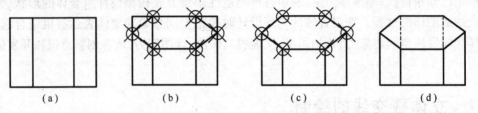

图2-2 截切六棱柱后左视图的步骤

思考：用一个截平面去截切六棱柱的不同部位时，可以得到不同的断面形状，如三角形、四边形、五边形、七边形等，图2-3所示即为相应的几种截交线情况。

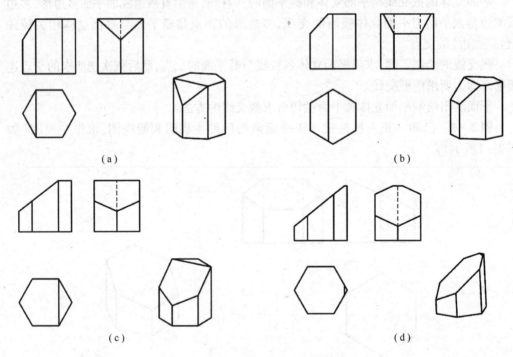

图2-3 截切六棱柱不同部位所得的视图
(a)截交线是三角形；(b)截交线是四边形；(c)截交线是五边形；(d)截交线是七边形。

2.1.2 平面截切回转体产生的截交线

平面截切回转体产生的截交线的作图步骤为：首先根据回转体的形状及截平面与回

转体的相对位置,判断截交线的形状和投影特征;然后在各投影面上确定截交线上特殊点的投影;再求截交线上一般点的三面投影;最后将这一系列交点光滑地连线,并判断可见性。下面给出回转体被平面截切后求交线的方法。

例2-2 已知一圆柱被两个平面截切后的主视图和俯视图,求作左视图(如图2-4所示)。

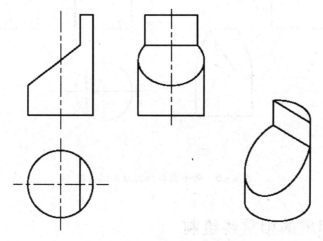

图2-4 两平面截切圆柱

作图步骤:

(1)首先画出没有截切的完整圆柱的左视图(注意长对正、高平齐、宽相等),如图2-5(a)所示。

(2)利用"直线"命令画出其侧平截平面截切圆柱产生的交线,如图2-5(b)所示。

(3)打开菜单栏上的"格式"——"点样式"设置点的格式,利用"点"命令标出正垂截平面截切圆柱面产生的椭圆上的特殊点,如图2-5(c)所示。

(4)利用"样条曲线"命令将找到的特殊点顺次,光滑地连接起来,如图2-5(d)所示。另外一种方法也可用"椭圆"命令将找到的特殊点连接。

(5)利用"修剪"命令将被截切的轮廓线的投影剪掉。并利用"删除"命令将找出的特殊点删掉,得出最终的左视图如图2-5(e)所示。

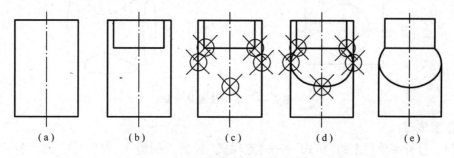

| (a) | (b) | (c) | (d) | (e) |

图2-5 圆柱被截后左视图所求步骤

思考:用两个截平面截切圆柱,随着切割平面位置的不同,得到的截断面形状和截交线也会不同。图2-6(a)截出的截交线是两个半椭圆,图2-6(b)截出的是圆弧和两条

21

直线,由于截切平面相交,应注意求出两截平面交线的投影。

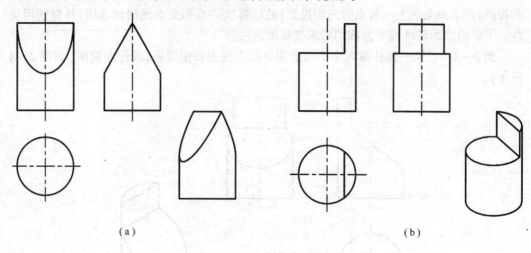

（a）　　　　　　　　　　　　　　　　　（b）

图2-6　两平面截切圆柱不同情况

2.2　立体相贯的相贯线绘制

例2-3　已知两正交圆柱的俯视图和左视图,求做主视图（如图2-7所示）。

分析两相贯体可知两圆柱正交（轴线垂直相交）,所以产生的相贯线前后和左右都对称;由题意可知相贯线在俯视和左视上的投影是已知的,所以只要求出相贯线在主视图上的投影即可求出解来。

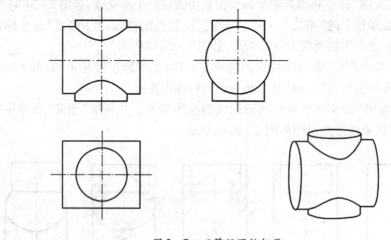

图2-7　不等径圆柱相贯

作图步骤:

（1）打开菜单栏上的"格式"——"点样式"设置点的格式,利用"点"命令标出相贯线上的特殊点在主视图上的投影,如图2-8（a）所示。

（2）同样的再利用"点"命令标出相贯线上的一般点在主视图上的投影,如图2-8（b）所示。

22

（3）利用"样条曲线"命令顺次光滑连接找到的特殊点和一般点，如图2-8(c)所示（注意判断可见性）。

（4）将找到的特殊点和一般点删掉，然后利用"镜像命令"就可得到下面一段相贯线的投影，如图2-8(d)所示。

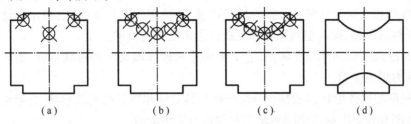

（a）　　　　　（b）　　　　　（c）　　　　　（d）

图2-8　求主视图的步骤

思考：两个圆柱相贯当它们的尺寸或者相对位置发生变化时产生的相贯线也会有所变化。图2-9所示两圆柱相贯产生的相贯线是空间封闭曲线并且相贯线分布在左右两侧；图2-10所示为两内圆柱等径相贯产生的相贯线是平面曲线椭圆。

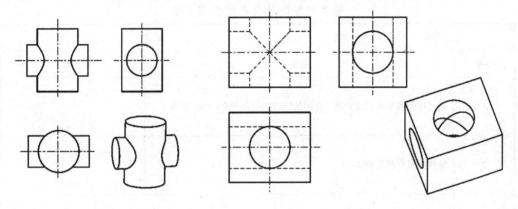

图2-9　不等径圆柱相贯　　　　　图2-10　等径两内圆柱相贯

2.3 实验二 基本构型设计及表达

一、实验目的

1. 熟悉和认知常见平面立体的形状特征,并能根据其形状特点,找出形体或投影的共同特征将其分类,提高空间想象和创造性思维能力的目的。

2. 通过观察切割体的立体图,进一步熟悉回转体截交线的形状特征,提高空间想象力和创造力思维能力。

3. 根据相贯体形状、位置的不同,分析回转立体相贯后的交线形状,并能作出各种回转体立体图和投影图提高空间想象力和创造力思维能力。

二、实验内容

1. 根据本实验给出的立体模型和要求,补画三视图。

2. 按要求完成实验报告。

三、实验准备

基本构型设计及表达预习报告

班级_____ 学号_____ 姓名_____ 成绩_____

序号	题目	答案
1	简述用哪些方法可以实现三视图的"长对正,高平齐,宽相等"?	
2	特殊相贯有哪几种情况?	
3	圆锥被一平面截切作图需要哪些编辑命令?	
4	AutoCAD 中镜像和复制命令有什么区别?	
5	为什么平面立体的截交线一定是平面上的多边形?	
6	多个截平面切割立体时截平面之间产生的交线为直线。当截平面是什么样的空间位置时,其截平面之间的交线为一般位置直线、平行线,还是垂直线?	

四、实验报告

基本构型设计及表达实验报告

班级_____ 学号_____ 姓名_____ 成绩_____

立体名称	立体形状	截交线特点	完成切割后的三视图
四棱锥		三角形(一个面切割)	
		四边形(一个面切割)	
		五边形(一个面切割)	
圆球		一个圆(一个面切割)	
		圆弧+圆弧+直线(二个面切割)	
		若干圆弧+直线(三个面切割)	
圆柱与圆锥相贯	构型出一个圆柱和一圆锥实现两种相贯	一般相贯	
		特殊相贯	

2.4 零件表达方法的绘制

2.4.1 AutoCAD 的图案填充命令

在绘制剖视图时,AutoCAD 利用"图案填充"命令实现断面上的剖面符号。此命令的调用方法有

（1）从绘图工具栏鼠标左键单击"图案填充"按钮 ▨。

（2）从下拉菜单选取:"绘图"—"图案填充"。

（3）键盘输入:BHATCH。

打开"图案填充"命令,就可进行一系列的图案填充参数设置,设置好参数后就可绘制出所需的剖视图。

2.4.2 AutoCAD 绘制剖视图示例与步骤

例 2 - 4 根据图 2 - 11 所给的立体图按 1∶1 的比例画出三视图,并将主视图改为全剖,左视图改为半剖。

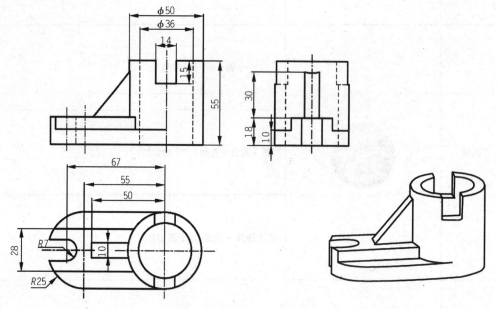

图 2 - 11 根据立体图画三视图

作图步骤如下:

根据三视图"长对正、高平齐、宽相等"的投影规律首先绘制三视图。

（1）根据尺寸先画出底板的三视图,如图 2 - 12(a)所示。

（2）绘制右边空心圆柱筒的三视图,如图 2 - 12(b)所示。

（3）绘制底板上边凸台的三视图,如图 2 - 12(c)所示。

（4）绘制肋板的三视图,如图 2 - 12(d)所示。

（5）绘制右边空心圆柱上面挖的从前向后的槽的三视图,如图 2 - 12(e)所示,即为最

终的三视图。

（6）将主视图改为全剖视图，左视图改为半剖视图，主视图和左视图中可见的线变成粗实线，同时把左视图中已经表达清楚的内部结构的虚线也去掉，最后再将实体上剖切掉的结构在主视图和左视图上的投影去掉，如图 2-12(f)所示。

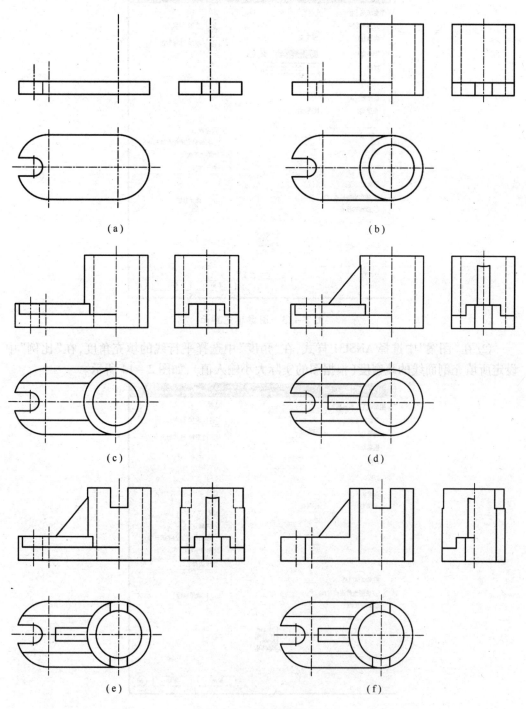

图 2-12　画三视图的步骤

（7）填充剖面线。

① 鼠标左键单击"图案填充"工具栏或在"绘图"的下拉菜单栏中选择"图案填充"，打开图案填充编辑器。如图 2 - 13 所示。

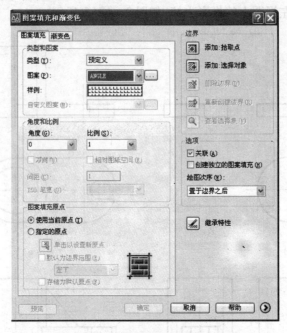

图 2 - 13　图案填充界面

② 在"图案"中选择 ANSI31 样式，在"角度"中选择平行线的填充角度，在"比例"中设定所填充剖面线的疏密度（根据图的实际大小输入值），如图 2 - 14 所示。

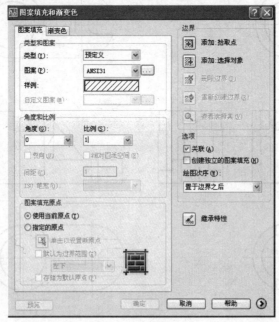

图 2 - 14　设置图案填充参数

③ 设置好参数后,单击"边界"下的"添加:拾取点"按钮,界面回到所要打剖面线的视图当中,在主视图和左视图要打剖面线的封闭线框内点击鼠标左键,封闭线框变虚,如图 2-15(a)所示。

④ 按回车或者右键返回到上一界面,点击确定按钮得到最终的结果,如图 2-15(b)所示。

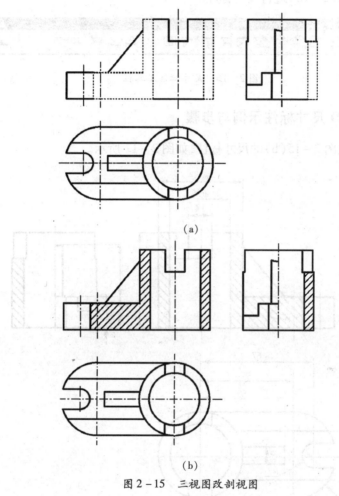

(a)

(b)

图 2-15 三视图改剖视图

2.5 尺寸标注的应用

工程上除了要有表达形状的视图,还需要有表达机件大小的尺寸,标注尺寸时应严格按照国家标准有关尺寸注法的规定,做到正确、完整、清晰。

2.5.1 AutoCAD 尺寸标注命令

尺寸标注由尺寸线、尺寸界限、尺寸起止符号,尺寸数字四部分组成。AutoCAD 提供了若干种尺寸标注类型。

标注尺寸时首先创建一个用来存放尺寸标注的新图层。然后利用"标注样式管理器"对话框设置尺寸标注样式,再设置对象捕捉方式,进行尺寸标注及编辑。

设置尺寸标注样式的方法包括:

(1) 依次鼠标左键单击【标注】、【样式】菜单命令。

(2) 使用标注工具栏上的 【标注样式】按钮。标注样式设置好后就可以调出尺寸标注工具栏(图2-16)进行尺寸标注。

图2-16 尺寸标注工具栏

2.5.2 AutoCAD 尺寸标注示例与步骤

例2-5 完成图2-15(b)的尺寸标注,如图2-17所示。

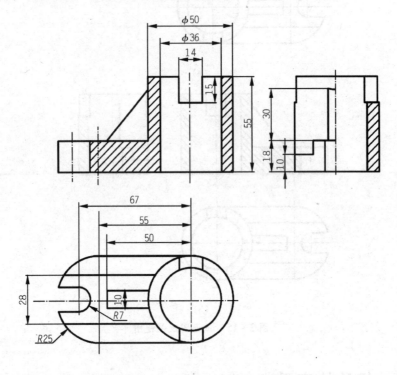

图2-17 三视图标注尺寸

作图步骤:

1. 标注底板的尺寸。

(1) 首先打开"对象捕捉"(Osnap setting)对话框,设定标注尺寸所需的目标捕捉类型:交点(Intersection)、端点(Endpoint)。

(2) 点击标注样式按钮 弹出标注样式管理器对话框,如图2-18所示,在该对话中点取修改按钮,就会弹出图2-19所示对话框,然后再单击文字标签,在该选项卡的文字对齐操作中,选与尺寸线对齐(用于线性尺寸标注);若注角度尺寸,则需选水平。

30

若注半径尺寸,则选 ISO 标准项。

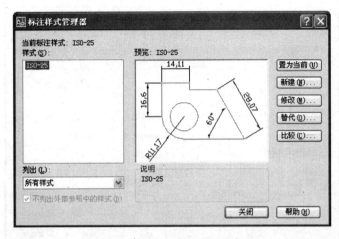

图 2-18　标注样式管理器

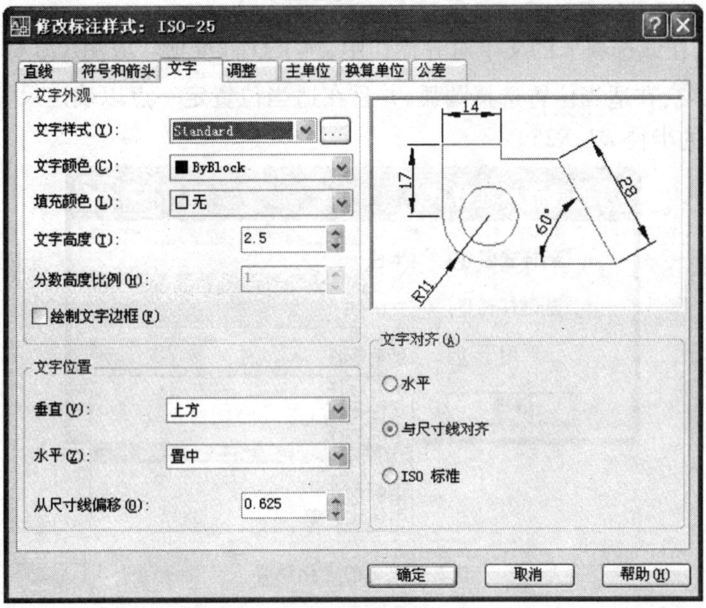

图 2-19　设置文字

　　在弹出的图 2-19 对话框中再单击主单位标签,弹出主单位标签选项卡如图 2-20 所示,在该选项卡的线性标注操作框中,根据尺寸数值,在精度右边的下拉列表中确定尺寸的精度,精度为 0。在该选项卡的测量单位比例框中,比例因子设置为 1,若标注的尺寸数字太小,可调大该比例(注:其他设置需根据具体情况确定)。

　　(3) 应用尺寸标注工具栏上的线性尺寸按钮 ⊢⊣ 即可标注底板的线性尺寸 55,67, 28,18,10。

　　(4) 标注底板上的半径 $R7$,$R25$。打开标注样式管理器,选择新建按钮,进入新建当前样式对话框,进行如下设置,如图 2-21 所示,再用鼠标左键单击"继续",在选项卡上

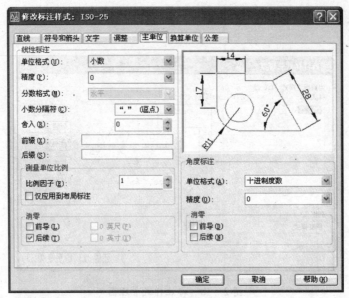

图 2-20 设置主单位

单击文字标签,在该选项卡的文字对齐操作中,选 ISO 标准项。应用尺寸标注工具栏上的半径标注按钮 ⊙ ,在适当位置选择圆弧,并且在适当位置定一点以确定尺寸线的位置,即可标注底板上的半径 R7,R25。

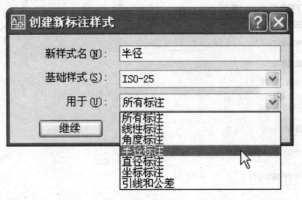

图 2-21 新建标注样式

2. 标注肋板的尺寸。

应用尺寸标注工具栏上的线性尺寸按钮 ⊢⊣ 即可标注肋板的线性尺寸 50,10,30。

3. 标注基本体空心圆柱的尺寸 $\phi50$,$\phi36$。

首先应用线性尺寸命令标注,当出现[多行文字(M)/文字(T)/角度(A)/水平(H)/垂直(V)/旋转(R)]:时,输入 M 或 T,回车之后从键盘输入 ϕ 的控制代码%%C50,即可标出 $\phi50$。同样的方法标注出 $\phi36$。利用线性尺寸按钮标注出空心圆柱的高度 55。

4. 标注基本体空心圆柱方槽尺寸 14,15。

应用尺寸标注工具栏上的线性尺寸按钮 ⊢⊣ 即可标注方槽尺寸 14,15。

5. 最终标出的结果如图 2-17 所示。

2.6 实验三 组合构型设计及表达

一、实验目的
1. 掌握剖面线的绘制。
2. 掌握尺寸标注的国标规定,尺寸标注的设置及尺寸的标注。

二、实验内容
1. 将已给三视图的主视图改画成半剖视图,并将左视图改画为全部视剖。
2. 标注组合体的尺寸。

三、实验准备

组合构型设计及表达预习报告

班级_____	学号_____	姓名_____	成绩_____

序号	题目	答案
1	尺寸由哪几部分组成,标注尺寸的基本要求是什么?	
2	简述 AutoCAD 中,图案填充命令如何操作?	
3	简述 AutoCAD 中,线性标注和对齐标注的区别?	
4	AutoCAD 线性标注中,要加前缀直径 ϕ 应如何输入,若要加后缀"°"应如何输入?	

四、实验报告

根据图 2 - 22 所示视图,选择相应表达方法将该零件表达清楚。要求:比例 1:1;图幅 A3;标注尺寸;用 A4 纸打印出图。

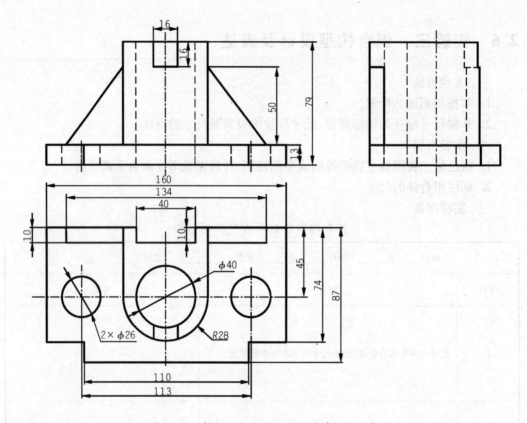

图 2-22　根据三视图改画剖视图并标注尺寸

第3章 三维建模

3.1 概述

构型是指形态的组合与分解设计。

构型设计作为一种现代设计理念,分形象思维和抽象思维两个过程,是一种创造性活动。加强构型能力的培养,是培养学生创造和创新思维的重要手段。在机械制图中,构型方法是通过形体的一个或两个视图构造形体,画出表达该形体所需的其他视图。为了进一步增强专业意识,还结合专业,联系工程实际,引导学生进行构型设计。

任何机器或产品,不论形体多么复杂,都可以看作由简单立体叠加或截切而形成的,构型设计的实质就是确定构型方法构造形体,它是一种构思设计过程,更是挖掘思维潜力的创造过程,通过形体的叠加组合和形体切割等方法,使学生充分发挥想象力,构造设计出熟知的装备器件,全方位多视角地提高学生的创新思维和能力。

对于三维组合体构型设计的目的,主要是培养利用基本几何体构成组合体的方法及视图的画法。一方面提倡所设计的组合体应尽可能体现工程产品或零部件的结构型状和功能,以培养观察、分析、综合能力。另一方面又不强调必须工程化,所设计的组合体也可以是凭自己想象,以更有利于开拓思维,培养创造力和想象力。

3.1.1 构型设计的方法

(1)切割法:一个基本立体经数次切割,可以构成一个组合体。

(2)叠加法:组合体可由多个基本形体叠加而成。

(3)综合法:同时运用切割法和叠加法构成组合体的方法。这是构成组合体的常用方法。

3.1.2 构型设计的要求

(1)满足给定功能要求的前提下,结构应尽量简单紧凑。

(2)基本体尽可能简单,一般采用平面或回转面造型,这样利于绘图和制造。

(3)掌握形体分析法和线面分析法及其应用。

(4)组合体的各单一形体的结构型状必须符合各自的构型要求,且结构型状具有稳定、协调、美观及款式新颖等特点,并按一定规律和方法有机地构成组合体。

(5)组合体各组成部分的连接,不能有点接触、线接触或面连接的情况,因为这样不能构成一个牢固的整体。

(6)封闭的内腔不便于成型,一般不要采用。

(7)暂不考虑加工、材料及其他方面的机械设计要求。

3.2 AutoCAD 三维建模命令

3.2.1 AutoCAD 三维建模基础

三维绘图是 AutoCAD 的重要功能之一。利用它可以创建出各种类型的三维图形。AutoCAD2008 专门为三维建模设置了三维的工作空间,需要使用时,只要从工作空间的下拉列表中选择"三维建模"即可进入三维的工作空间。

1. AutoCAD 的坐标体系

三维坐标体系包括世界坐标系(WCS)和用户坐标系(UCS)。世界坐标系是固定的坐标系。

AutoCAD 通常基于当前坐标系的 XOY 平面进行绘图,这个 XOY 平面称为构造平面。在三维环境下绘图需要在不同的三维模型平面上绘图,因此,需要把当前的坐标系 XOY 平面变换到需要绘图的平面上,即需要定义新的坐标系,即用户坐标系(UCS),方便三维绘图。

通过菜单建立用户三维坐标系的方法如图 3-1 所示,依次单击【工具($\underline{T}$)】→【新建 UCS($\underline{W}$)】→UCS 相关命令。

2. AutoCAD 的视图

在三维空间进行建模,需要不断变换三维模型显示方位,也就是设置三维观察视点的位置,这样才能从空间不同方位来观察三维模型,使得创建三维模型更加方便快捷。视图菜单中包含 6 种标准的正交视图和 4 种轴测图。

通过菜单变换三维模型显示方位如图 3-2 所示,依次单击【视图($\underline{V}$)】→【三维视图($\underline{D}$)】→视图命令。

另外,在三维空间为模型提供了 4 种视觉样式,如图 3-3 所示。通过菜单选择依次单击【视图($\underline{V}$)】→【视觉样式($\underline{S}$)】→选择视觉样式。

 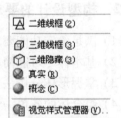

图 3-1　新建[UCS]子菜单　　图 3-2　三维视图子菜单　　图 3-3　视觉样式子菜单

3.2.2 AutoCAD 三维建模命令

AutoCAD2008 可直接创建的 8 种基本形体,分别是多段体、长方体、楔体、圆锥体、球体、圆柱体、棱锥面、圆环体。也可以通过拉伸、旋转、扫掠和放样命令,把平面图形创建成三维实体。通过菜单选择命令的方法如图 3 - 4 所示,依次单击【绘图(D)】→【建模(M)】→三维绘图命令。

注意:在通过拉伸、旋转等命令把闭合的二维图形创建成三维实体时,首先要对二维图形进行"面域"。

3.3 AutoCAD 三维编辑命令

AutoCAD 提供了多种三维实体的修改命令,利用三维实体修改以及布尔运算命令,可以创建出复杂的三维实体模型。

1. 实体编辑命令

实体编辑命令主要通过修改三维实体的边、面、体实现三维模型的创建。通过菜单选择命令的方法如图 3 - 5 所示,依次单击【修改(M)】→【实体编辑(N)】→编辑命令。

2. 三维操作命令

如图 3 - 6 所示,在【修改(M)】→【三维操作(3)】→操作命令中,有【三维移动】、【三维旋转】和【三维对齐】等命令,可以完成实体的三维空间位置的编辑。

注意:有些二维编辑命令也可以在三维空间使用,但要注意使用方法。

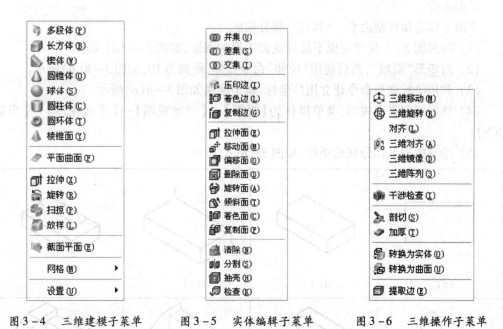

图 3-4　三维建模子菜单　　　图 3-5　实体编辑子菜单　　　图 3-6　三维操作子菜单

3.4 三维建模操作示例与步骤

任何复杂的机器零件,从几何形体角度看,都可以认为是由若干基本立体经过叠加和切割等方式形成的组合体。对于叠加型组合体组合方式有简单叠加、相切和相交 3 种,对于切割型组合体包括被平面或曲面切割、开槽或穿孔 3 种,既有叠加、又有切割的形状较复杂的组合体称为综合型的组合体。下面通过举例讨论如何在 AutoCAD 三维环境下实现组合体的建模。

1. 叠加型组合体

例 3 – 1 完成如图 3 – 7 所示的平面立体叠加模型的建模。

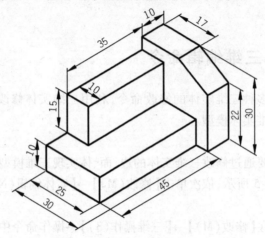

图 3 – 7　平面立体叠加模型

作图步骤：

平面立体叠加模型由上、下和右三部分构成。

(1) 按照图 3 – 7 尺寸完成下部分底面矩形的图形，如图 3 – 8(a)所示。

(2) 对矩形"面域"，然后使用"拉伸"命令拉伸，距离为 10，如图 3 – 8(b)所示。

(3) 利用坐标变换命令建立用户坐标，新坐标系如图 3 – 8(c)所示。

(4) 然后回到平面视图，菜单操作为【视图】→【三维视图】→【平面视图】→【当前UCS】。

(5) 绘制模型上部分底面矩形，如图 3 – 8(d)所示。

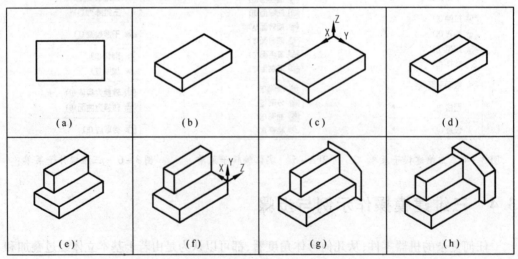

图 3 – 8　平面立体叠加建模过程

（6）对矩形"面域"，然后使用"拉伸"命令拉伸15，如图3-8（e）所示。

（7）利用坐标变换命令，将新坐标系移动到如图3-8（f）所示位置。

（8）然后如第（4）步，回到平面视图，绘制模型右部分左面图形，如图3-8（g）所示。

（9）对图形"面域"，然后使用"拉伸"命令拉伸10，如图3-8（h）所示。

（10）利用"并集"命令，把模型上、下和右三部分合并，结果如图3-7所示。

例3-2　完成如图3-9所示的立体表面相切模型的建模。

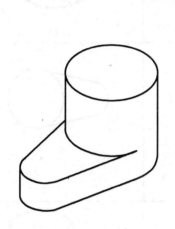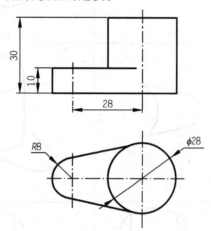

图3-9　立体表面相切模型

作图步骤：

立体相切模型由左和右两部分构成。

（1）按照图3-9尺寸完成圆柱底面圆的绘制，如图3-10（a）所示。

（2）对圆"面域"，然后拉伸高为30的圆柱，如图3-10（b）所示，图3-10（c）为圆柱的二维线框图。

（3）绘制模型左边图形，如图3-10（d）所示。绘制完成如图3-10（e）所示，其俯视图为图3-10（f）。

在绘制中注意对象捕捉命令，不要使平面图不在同一平面。

（4）对图3-10（d）"面域"，然后使用"拉伸"命令拉伸10，如图3-10（g）所示。

（5）利用"并集"命令，把模型左右两部分合并，结果如图3-10（h）所示。

（6）图3-10（i）为模型的三维隐藏图。

注意：图中面面相切的切线在三维模型中仍然可见，而实际要求切线不画，如图3-9所示。

例3-3　完成如图3-11所示的平曲相交立体模型的建模。

作图步骤：

圆柱和棱锥相交模型由上下两部分构成。

（1）按照图3-11尺寸，利用"棱锥面"命令完成四棱锥的绘制，如图3-12（a）所示。

（2）图3-12（b）为模型的二维线框图。

（3）利用"圆柱体"命令绘制圆柱，如图3-12（c）所示。

注意：圆柱底面圆心要和四棱锥底面的中心重合。

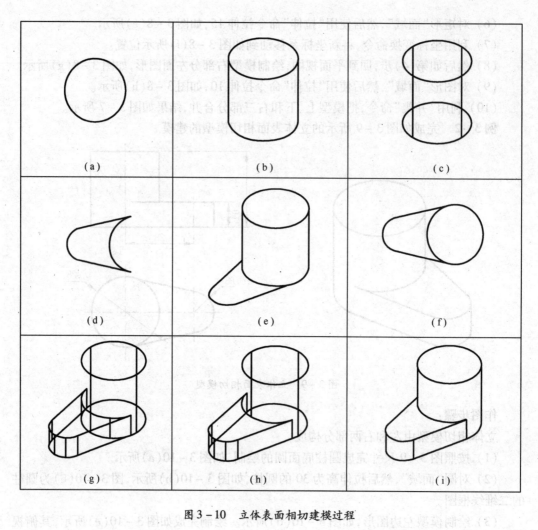

图 3 – 10　立体表面相切建模过程

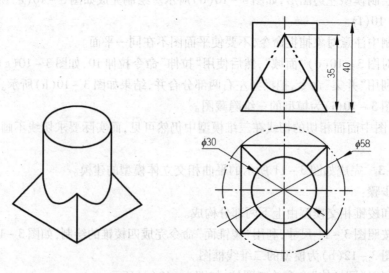

φ30　φ58

35

40

图 3 – 11　平曲相交立体模型

40

（4）利用"并集"命令,把模型上下两部分合并,完成如图 3 – 12(d)所示。

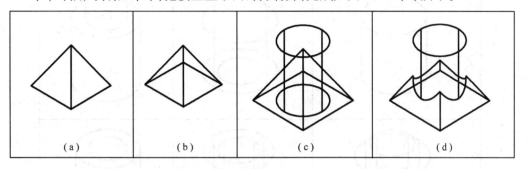

| (a) | (b) | (c) | (d) |

图 3 – 12　平曲相交立体建模过程

2. 切割型组合体示例

例 3 – 4　完成如图 3 – 13 所示的圆柱挖孔的建模。

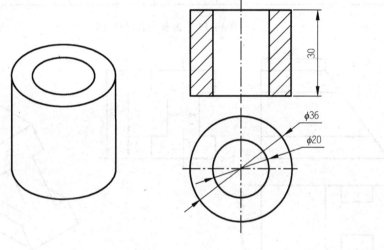

图 3 – 13　圆柱挖孔

作图步骤:

（1）按照图 3 – 13 尺寸,利用"圆柱体"命令绘制圆柱,如图 3 – 14(a)所示。

（2）在圆柱底面绘制直径 20 的圆,如图 3 – 14(b)所示。

（3）对圆"面域",然后拉伸高为 40 的圆柱,如图 3 – 14(c)所示,图 3 – 14(d)为模型的二维线框图。

注意:小圆柱要高于大圆柱。

（4）利用"差集"命令使大圆柱减去小圆柱,完成挖孔。如图 3 – 14(e)所示,图 3 – 14(f)为模型的三维隐藏图。

例 3 – 5　完成如图 3 – 15 所示的组合体切割的模型。

作图步骤:

（1）按照图 3 – 15 尺寸,绘制工字形图形,如图 3 – 16(a)所示。

（2）对工字图形"面域",然后拉伸长 60,如图 3 – 16(b)所示,图 3 – 16(c)为其三维隐藏图。

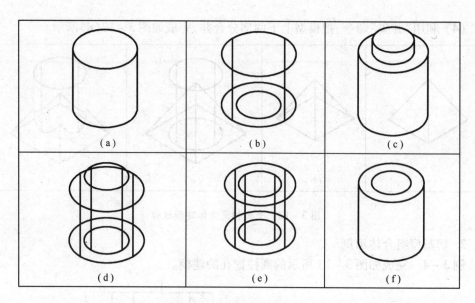

图 3-14　圆柱挖孔建模过程

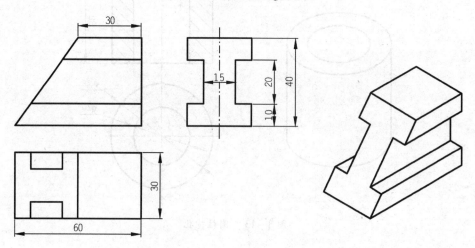

图 3-15　组合体切割模型

（3）利用"剖切"命令切割工字形模型，菜单操作为【修改】→【三维操作】→【剖切】，然后选择模型，利用"剖切"命令的"三点（3）"选项，选择剖切平面 ABC，如图 3-16（d）所示，利用对象捕捉选择各点，其中 A 点刚好在上边的中点。操作中选择＜保留两个侧面＞选项，结果如图 3-16（e）所示。

（4）利用"删除"命令删除去掉部分，完成切割，如图 3-16（f）所示。

例 3-6　完成如图 3-17 所示的半球开槽的模型。

作图步骤：

（1）按照图 3-17 的尺寸，绘制半圆如图 3-18（a）所示。

（2）对半圆"面域"，然后利用"旋转"命令，让半圆以直径为旋转轴旋转 180°，建立半球模型，如图 3-18（b）所示。

（3）利用坐标变换命令建立用户坐标，新坐标系如图 3-18（b）所示，然后使用用户

42

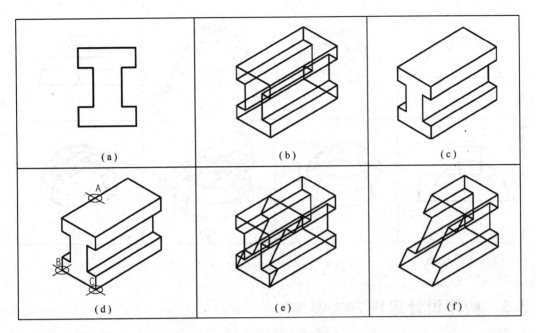

图 3-16　组合体切割建模过程

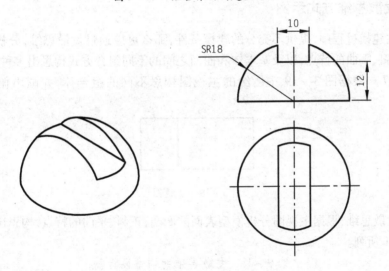

图 3-17　半球开槽模型

坐标的"原点"命令,指定新原点坐标为(0,0,25),如图 3-18(c)所示。

(4)回到平面视图,菜单操作为【视图】→【三维视图】→【平面视图】→【当前 UCS】,完成矩形的绘制,如图 3-18(d)所示,矩形尺寸为 10×10,如图 3-18(e)所示,图 3-18(f)为其轴测图。

(5)对矩形"面域",然后拉伸长为 50 的棱柱,如图 3-18(g)所示。注意在输入拉伸距离时,输入值为 -50。

(6)利用"差集"命令,用半球减去棱柱,完成开槽,如图 3-18(h)所示。

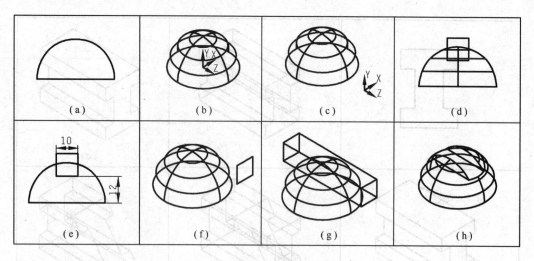

图3-18　半球开槽建模过程

3.5　构型设计思维方式训练

3.5.1　发散思维方式示例

如果在建模过程中,提供不充分的建模条件,那么可以通过发散思维,分析模型表面的凹凸、正斜、平曲的特点,以及基本体和曲面之间的不同组合方式构思出多种组合体。

例3-7　根据图3-19中所给的主视图构思不同的组合体,并画出俯视图及轴测图。

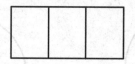

图3-19　主视图

通过发散思维,根据主视图分析模型表面的凹凸、正斜、平曲的特点,构思出多种组合体如表3-1所列。

表3-1　发散思维的构型设计

俯视图	轴测图	俯视图	轴测图

44

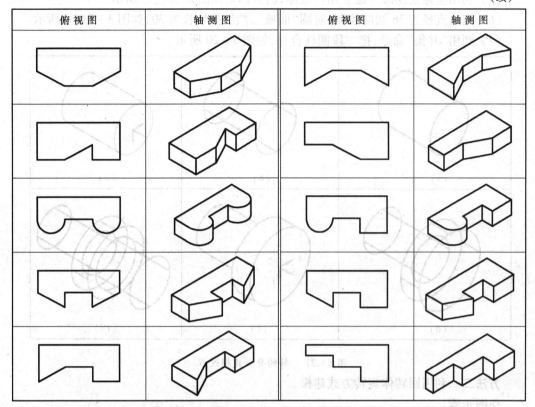

俯 视 图	轴 测 图	俯 视 图	轴 测 图

3.5.2　组合体不同建模方法示例

通过对具体模型的形体分析,可以用不同的思路建模。

例3-8　利用不同的建模方法,完成如图3-20所示轴的模型。

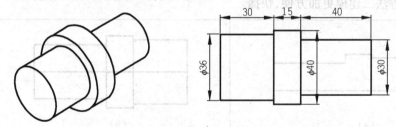

图3-20　轴的模型

方法一　利用组合叠加构型方式建模。

作图步骤:

(1) 按照图3-20尺寸,利用"圆柱体"命令完成圆柱的绘制,如图3-21(a)所示,图3-21(b)为圆柱的二维线框图。

(2) 利用坐标变换命令建立用户坐标,新坐标系如图3-21(c)所示。

(3) 回到平面视图,完成直径为40圆的绘制。

(4) 对圆"面域",然后拉伸长为15,如图3-21(d)所示。

（5）利用坐标变换命令建立用户坐标,新坐标系如图 3-21(e)所示。

（6）完成直径为 36 圆的绘制,对圆"面域",然后拉伸长为 30,如图 3-21(f)所示。

（7）利用"并集"命令,把三段圆柱合并,如图 3-20 所示。

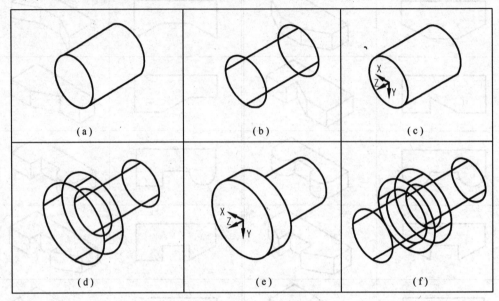

图 3-21　轴的叠加建模过程

方法二　利用回转体旋转方式建模。

作图步骤:

（1）按照图 3-20 尺寸,完成模型母线轮廓的绘制,如图 3-22(a)所示。

（2）对图 3-22(a)的图形如图"面域",然后绕轴 AB 旋转 360°,得到图 3-22(b)。

（3）图 3-22(c)为其二维线框图,图 3-22(d)为三维隐藏图。

显然,方法二建模更加方便,快捷。

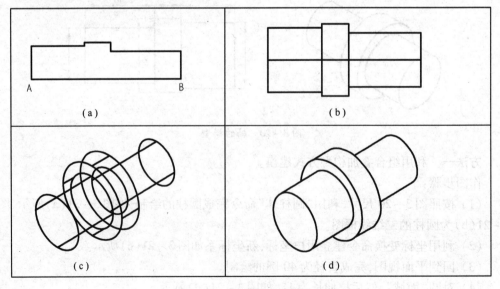

图 3-22　轴的旋转建模过程

3.6 综合举例：完成 U 形结构与立体表面的叠加与切割

例3-9 完成如图3-23所示U形结构与圆柱相交的模型。

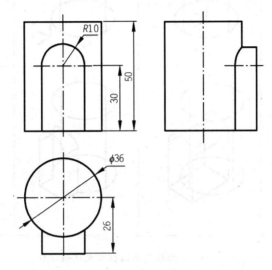

图3-23 U形结构与圆柱相交三视图

作图步骤：

(1) 按照图3-23尺寸，利用"圆柱体"命令绘制圆柱，如图3-24(a)所示。

(2) 利用坐标变换命令建立用户坐标，新坐标系如图3-24(b)所示，然后使用用户坐标的"原点"命令，指定新原点坐标为(0,0,26)，如图3-24(c)所示。

(3) 回到平面视图，完成U形结构的绘制，如图3-24(d)所示，图3-24(e)为绘制完成的轴测图。

(4) 对U形结构"面域"，然后拉伸长度26，如图3-24(f)所示。注意拉伸距离的长度不定，只要使U形结构与圆柱完全相交则可。

(5) 利用"并集"命令，把U形结构与圆柱合并，完成相交模型，如图3-24(g)所示。图3-24(h)为模型的三维隐藏图。

例3-10 完成如图3-25所示圆柱被U形结构挖切的模型。

作图步骤：

(1) 按照图3-25尺寸，利用"圆柱体"命令绘制圆柱，如图3-26(a)所示。

(2) 利用坐标变换命令建立用户坐标，新坐标系如图3-26(b)所示，然后使用用户坐标的"原点"命令，指定新原点坐标为(0,0,7)，如图3-26(c)所示。

(3) 回到平面视图，完成U形结构的绘制，如图3-26(d)所示，图3-26(e)为绘制完成的轴测图。

(4) 对U形结构"面域"，然后拉伸长度20，如图3-26(f)所示。注意拉伸距离的长度不定，只要使U形结构完全超出圆柱即可。

(5) 利用"差集"命令使圆柱减去U形结构，完成挖切。如图3-26(g)所示，图

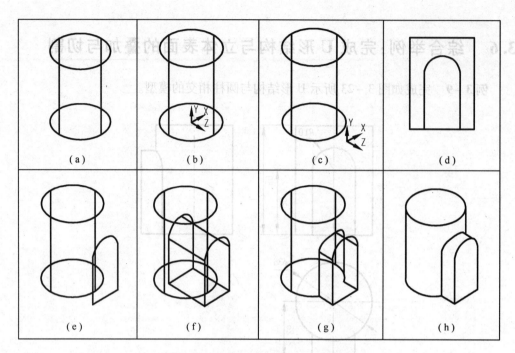

图 3-24 U 形结构与圆柱相交建模过程

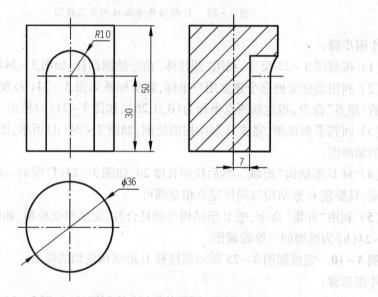

图 3-25 圆柱被 U 形结构挖切的三视图

3-26(h)为模型的三维隐藏图。

例 3-11 完成如图 3-27 所示圆柱被 U 形曲面切割的模型。

作图步骤:

(1)按照图 3-27 尺寸,利用"圆柱体"命令绘制圆柱,如图 3-28(a)所示。

(2)利用坐标变换命令建立用户坐标,新坐标系如图 3-28(b)所示,然后使用用户坐标的"原点"命令,指定新原点坐标为(0,0,25),如图 3-28(c)所示。注意 Z 坐标的值不定,只要使坐标原点完全超出圆柱即可。

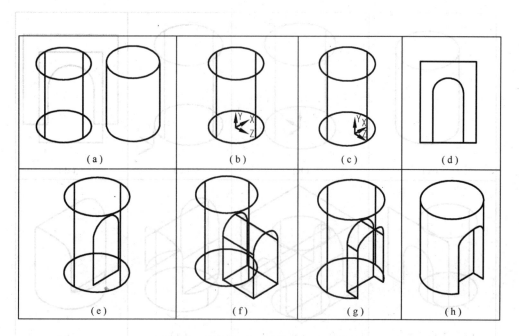

图 3-26　圆柱被 U 形结构挖切的建模过程

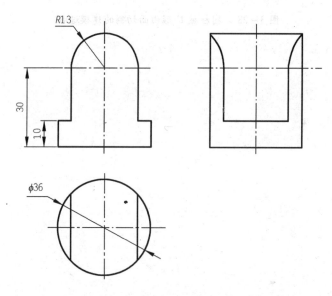

图 3-27　圆柱被 U 形曲面切割的三视图

（3）回到平面视图，完成 U 形曲面的绘制，如图 3-28（d）所示，图 3-28（e）为绘制完成的轴测图。注意：由于是 U 形曲面内表面切割圆柱，需要 U 形曲面向外封闭并完全超出圆柱。

（4）对 U 形结构"面域"，然后拉伸长度 -50，如图 3-28（f）所示。注意拉伸距离的长度不定，只要使 U 形结构完全超过圆柱即可。

（5）利用"差集"命令使圆柱减去 U 形结构，完成切割。如图 3-28（g）所示，图 3-28（h）为模型的三维隐藏图。

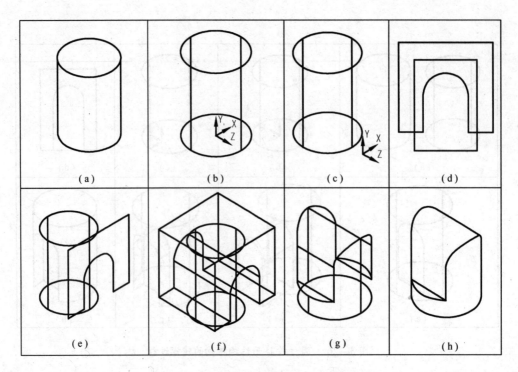

图 3-28 圆柱被 U 形曲面切割的建模过程

50

3.7 实验四 三维构型设计

一、实验目的

1. 培养学生空间形象思维能力和空间分析能力,完成三维模型构型设计。
2. 让学生掌握形体分析法和线面分析法,实现由二维到三维的思维转变。
3. 掌握 AutoCAD 三维建模命令和三维编辑命令。

二、实验内容

1. 按照上述的实例步骤,完成模型,体会三维模型构型设计及 AutoCAD 三维建模方法。
2. 按要求完成实验报告。

三、实验准备

三维构型设计预习报告

班级_____ 学号_____ 姓名_____		成绩_____
序 号	题 目	答案
1	三维坐标体系中世界坐标系(WCS)和用户坐标系(UCS)有何区别? AutoCAD 通常作图平面基于坐标系的哪个平面进行绘图?	
2	AutoCAD 实体编辑中,是通过什么命令实现组合体的叠加和切割的?	
3	面域可以进行布尔运算吗? 布尔运算有几种?	
4	拉伸命令如何使用? 通过拉伸命令可以创建哪类模型?	
5	简述把现在的坐标系绕 X 轴方向旋转 60°应如何操作?	
6	简述三维旋转命令如何操作?	

四、实验报告

班级_____	学号_____	姓名_____		成绩_____

序　号	题　目	答案
1	使用对齐命令,不进行坐标变换,完成图3-7平面立体叠加模型的建模,简述步骤。	
2	使用不同与例3-4的方法完成图3-13的模型,简述步骤。	
3	利用不同的建模方法,完成图3-29所示的模型,简述操作步骤。 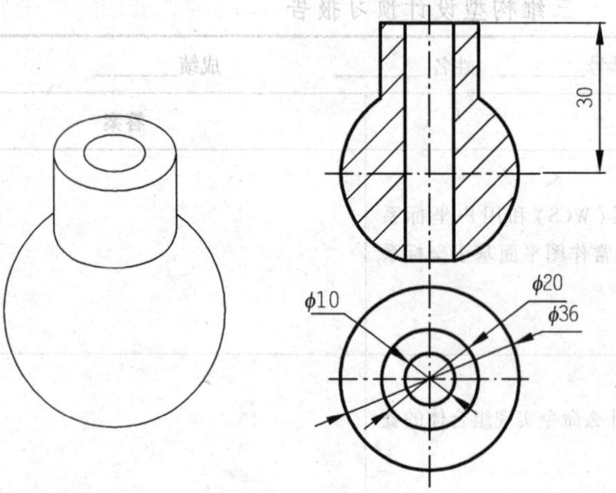 $\phi10$　$\phi20$　$\phi36$　30 图3-29	方法一: 方法二:
4	根据图3-30中所给的主视图和俯视图构思不同的组合体,在表3-2中完成左视图(至少8种)。  图3-30	

5. 利用 AutoCAD 完成表3-2不同组合体的三维模型。

表 3 - 2　不同的组合体的左视图

第4章　工程图样的绘制

工程图样首先应选用基本视图、剖视图、断面图或者其他各种表达方法把零件的结构表达清楚,然后标注零件的完整尺寸,还必须有制造该零件时应达到的一些技术要求。技术要求主要包括表面结构要求、尺寸公差、形位公差、材料热处理和表面处理、零件的特殊加工要求、检验和试验说明等。

4.1　AutoCAD 中零件图尺寸公差的标注

在 AutoCAD 标注带有公差的尺寸时,一般应使用尺寸标注样式中的"替代"选项进行标注。如图 4-1 中的 3 种尺寸,标注的尺寸公差形式与数值不同,需分别采用 3 次替代来标注。

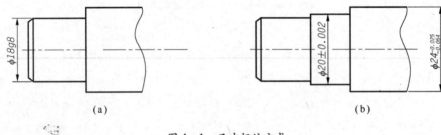

(a)　　　　　　　　　　　　　　(b)

图 4-1　尺寸标注方式

用线性命令标注带有 φ 的直径尺寸时,有两种方法:

(1) 专门设置一种尺寸标注样式,在标注样式管理器"主单位"标签的前缀一栏,为线性尺寸设置上前缀"%%C",则用线性命令标注直径尺寸时,在尺寸数字前面自动添加前缀 φ。

(2) 直接用线性命令标注,当出现[多行文字(M)/文字(T)/角度(A)/水平(H)/垂直(V)/旋转(R)]:时,输入 M 或 T,回车之后从键盘输入 φ 的控制代码%%C 与尺寸数字。

例 4-1　标注图 4-1 所示的 3 种带公差尺寸。

标注步骤如下:

(1) 打开标注样式,选择替代,进入替代当前样式对话框。"公差"标签方式一栏选择无偏差,确定并置为当前。应用线性尺寸标注命令标注图 4-1(a)所示尺寸 φ18g8,当出现[多行文字(M)/文字(T)/角度(A)/水平(H)/垂直(V)/旋转(R)]:时,输入 T,回车之后从键盘输入%%C18g8。

(2) 打开标注样式,选择替代,进入替代当前样式对话框。"主单位"标签的前缀一栏设置上前缀"%%C"。"公差"标签方式一栏选择对称偏差,输入偏差值 0.002,确定并

54

置为当前。应用线性尺寸标注命令标注图 4 -1(b)所示尺寸 $\phi20 \pm 0.002$。

（3）打开标注样式，选择替代，进入替代当前样式对话框。"公差"标签方式一栏选择极限偏差，按尺寸偏差值调整上下偏差值及精度，精度的小数点后位数与偏差的位数相同，设为 0.000，高度比例设为 0.7，垂直位置为中，确定并置为当前。应用线性尺寸标注命令标注尺寸 $\phi24 {}_{-0.064}^{-0.025}$。

注意：在标注尺寸公差时也可以利用"特性"对话框，双击需要编辑的尺寸启动"特性"对话框，修改"公差"中的相关参数。

4.2 AutoCAD 中块的操作和应用

零件图中经常要用到螺栓、螺母、轴承等标准件，将重复用到的图形做成块，存放在一个图形库中，当需要时，可以用插入块的方式调用，提高绘图速度，减小文件大小并且便于修改。

例 4 -2 用图块的方式完成图 4 -2 所示的螺栓连接、图 4 -3 所示的双头螺柱连接。螺纹规格为 M24，其他尺寸按比例画法计算。

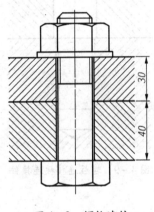
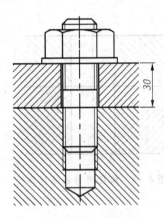

图 4 -2 螺栓连接　　　图 4 -3 双头螺柱连接

作图步骤：

（1）设置绘图环境。

（2）用比例画法分别画出图 4 -4 所示螺母、图 4 -5 所示垫片、图 4 -6 所示螺栓、图 4 -7 所示双头螺柱的主视图。

（3）分别把螺母、垫圈、螺栓、双头螺柱的主视图创建为外部块。注意基点的选择要方便使用。

（4）绘制两个被连接零件的主视图，如图 4 -8、图 4 -9 所示。

（5）在图中适当的地方分别插入图块。注意选取插入点与基点相对应，如图 4 -10、图 4 -11、图 4 -12、图 4 -13 所示。

（6）打散图块，对遮挡的图线进行修改，对重叠的图线要删除，仅保留一条，对螺纹旋合处的剖面线要做适当处理，如图 4 -2、图 4 -3 所示。

（7）保存图形。

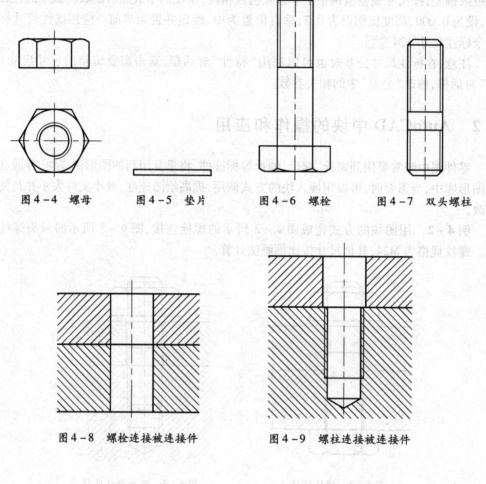

图4-4 螺母　　图4-5 垫片　　图4-6 螺栓　　图4-7 双头螺柱

图4-8 螺栓连接被连接件　　　　图4-9 螺柱连接被连接件

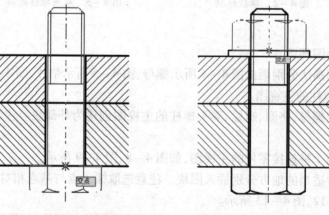

图4-10 插入螺栓图块　　　　　图4-11 插入螺母图块

　　例4-3 把图4-14所示的标题栏做成图块,并为块加入属性,即加入文字信息,在不同的零件图中调用。

56

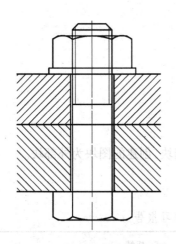

图 4 - 12　插好图块的螺栓连接　　　图 4 - 13　插好图块的双头螺柱连接

(图样名称)			比例	重量	材料		(图号)	
制图		(日期)	15	15	15			
审核		(日期)	(校名、班级、学号)					

8
8
15　25　15
140
32

图 4 - 14　标题栏

作图步骤：

（1）绘制好标题栏源图形。文字用多行文字命令书写。如图 4 - 14 所示。

（2）定义块的属性。在绘图下拉菜单中选择"块"中的"定义属性"子菜单。把图样名称、制图后空格的姓名、比例定义为块的属性,可以在每次插入块的时候改变属性内容,如图 4 - 15 所示。

(图样名称)			比例	重量	材料		(图 号)	
			比例					
制图	姓名	(日期)	(校名、班级、学号)					
审核		(日期)						

图 4 - 15　定义属性

（3）创建块。为了方便不同的零件图使用,输入 Wblock 命令创建外部快。块名为标题栏,为方便插入,基点选择右下角点。

（4）绘制零件图时,画好图幅线、图框线后选择 Insert 命令插入标题栏块,根据提示输入图样名称、姓名、比例,如图 4 - 16 所示。

基本练习			比例	重量	材料		(图 号)	
			1:2					
制图	张三	(日期)	(校名、班级、学号)					
审核		(日期)						

图 4 - 16　插入图块

57

4.3　实验五　紧固件连接的绘制

一、实验目的

学会 AutoCAD 中图块的定义与使用。

二、实验内容

1. 用本节学习的创建图块的方法,练习创建图块,创建的图块为外部块。

2. 按要求完成实验报告。

三、实验准备

紧固件连接绘制预习报告

班级_____学号_____姓名_____成绩_____

序 号	题 目	答 案
1	在 AutoCAD 中用图块的优点是什么?	
2	内部块和外部块有什么区别?	
3	块的属性如何定义?	
4	简述创建内部块的步骤。	
5	线性尺寸中带直径符号 ϕ 的尺寸如何标注?	

四、实验报告

绘制螺栓连接、双头螺柱连接与螺钉连接图。被连接件材料为铸铁,上层厚度为 30mm,螺栓连接下层零件厚度为 40mm,给定的连接件为

螺栓 GB/T5782－2000 M24

螺母 GB/T6170－2000 M24

垫圈 GB/T97.1－2002　24

螺柱 GB/T898－1998 M24

螺钉 GB/T65－2000　M10

其他尺寸按比例画法计算。

用 A4 打印出图。

4.4 零件图的绘制

对一个零件的几何形状、尺寸大小、工艺结构、材料选择等进行分析和造型的过程称为零件构型设计。而零件是组成部件的基本单元，所以每个零件都有一定的作用。零件的功能是确定零件主体结构型状的主要依据之一，同时还要考虑合理利用材料与外形美观等因素。

4.4.1 轴套类零件图的绘制

轴是用来支承传动零件和传递动力的,轴套类零件的结构型状通常是由几段不同直径的回转体叠加而成,再根据功能要求和制造工艺要求配置倒角、倒圆、键槽、退刀槽、越程槽、中心孔、销孔以及轴肩、螺纹等结构,如图4-17、图4-18所示。

图4-17 简单轴结构　　　　　　　图4-18 蜗轮轴

蜗轮轴的视图表达如图4-19所示。

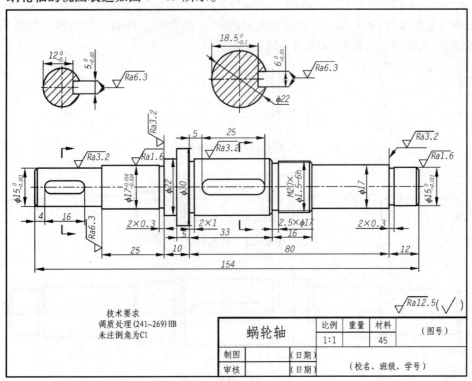

技术要求
调质处理(241~269)HB
未注倒角为C1

蜗轮轴	比例	重量	材料	(图号)
	1:1		45	
制图		(日期)		(校名、班级、学号)
审核		(日期)		

图4-19 蜗轮轴零件图

59

例4-4 用 AutoCAD 绘制如图4-19所示蜗轮轴零件图。

作图步骤：

1. 设置绘图环境。设置文字样式和尺寸样式,设置图层如图4-20所示。

图4-20　图层设置

2. 按1∶1绘制图形。画水平轴线与左面基准线。如图4-21所示。

图4-21　绘制基准线

3. 绘制蜗轮轴的主视图。画图时将轴分成几段,实行分段绘制,如图4-22所示 。也可画出上半部分,下半部分用镜像生成,如图4-23所示。画好主要结构再画圆角、倒角等细节,完成轴的主视图,如图4-24所示。

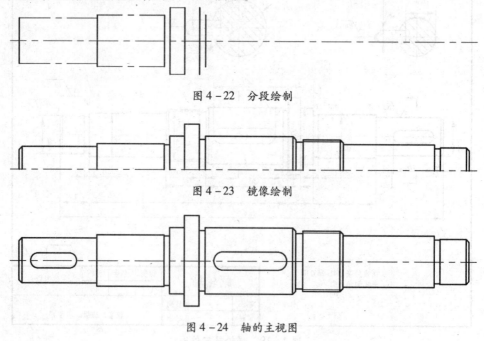

图4-22　分段绘制

图4-23　镜像绘制

图4-24　轴的主视图

60

4. 画断面图,用图案填充命令填充剖面线,如图 4-25 所示。

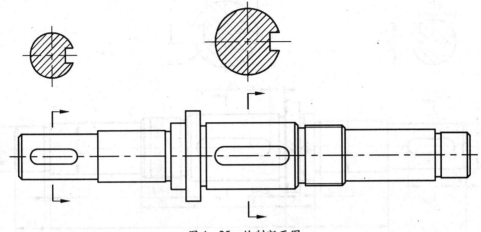

图 4-25　绘制断面图

5. 标注尺寸。先标径向尺寸,如图 4-26 所示,再标轴向尺寸,如图 4-27 所示,最后标断面图的尺寸,如图 4-28 所示。

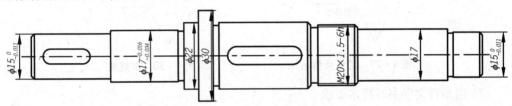

图 4-26　标注径向尺寸

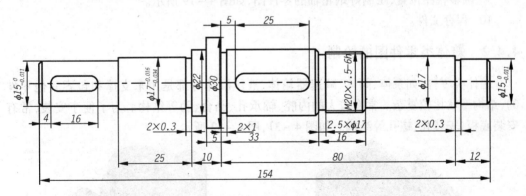

图 4-27　标注轴向尺寸

6. 标注表面结构要求符号。

(1) 绘制源图形。

(2) 定义块的属性。把粗糙度值定义为块的属性,如图 4-29 所示。

(3) 创建块。用 Block 创建内部快,或输入 Wblock 命令创建外部快,如图 4-30 所示。

(4) 在图中有表面粗糙度要求处调用插入图块命令,使用图块,如图 4-19 所示。

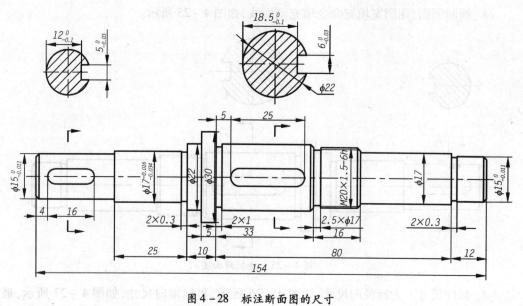

图 4 - 28 标注断面图的尺寸

图 4 - 29 定义块的属性　　　　图 4 - 30 创建块

7. 用多行文字书写技术要求。

8. 插入前面创建好的图幅线图框线以及标题栏图块,补充填写有关内容。

9. 调整视图位置,绘制好蜗轮轴的零件图,如图 4 - 19 所示。

10. 保存文件。

4.4.2 箱体类零件图的绘制

箱体类零件,如泵体、阀体、减速器箱体、液压缸体等都是用来支撑和包容其他零件的,结构型状比较复杂。常有较大的内腔、轴承孔、凸台、肋等结构。为了便于安装,常有安装底板、安装孔、螺孔等结构。如图 4 - 31,图 4 - 32 所示。

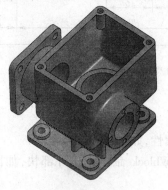

图 4 - 31 箱体零件

图 4 - 32 阀体零件

箱体类零件图是各类零件图中最复杂的一种。绘图前关键要做好形体分析,将整个零件分块处理,每一块作为基本单元,进行分析、作图。绘图时利用"长对正、高平齐、宽相等"的投影规律,以基本体为单元,将包含该基本体投影的视图一起画。画复杂的零件图,要先画主体,再画圆角和倒角等细节。

　　例4-5　用AutoCAD绘制如图4-33所示阀体的零件图。

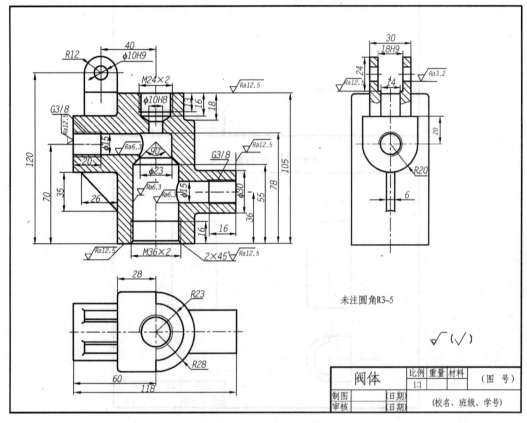

图4-33　阀体零件图

作图步骤:

　　(1)设置绘图环境。选A3图幅,绘制图幅线、图框线和标题栏,标题栏可以直接插入前面所创建的外部块。设置图层、尺寸标注样式、字体样式(也可使用以前设置好的模板)。

　　(2)布局,绘制主、俯、左3个视图水平与竖直方向的基准线。如图4-34所示。

　　(3)把阀体分成三部分,先画中间主体部分的外形,如图4-35所示,再画内部结构,如图4-36所示,然后画左右两侧安装部分的三视图,如图4-37所示,最后画左侧两块带孔的薄板结构与肋板,如图4-38所示。

　　(4)将剖面线层置为当前层,填充剖面线,如图4-39所示。

　　(5)标注尺寸。

　　(6)标注表面结构要求符号。

　　(7)调整视图位置,将文字层置为当前层,用多行文字书写技术要求,最后填写标题栏。

　　(8)检查并保存文件,如图4-33所示。

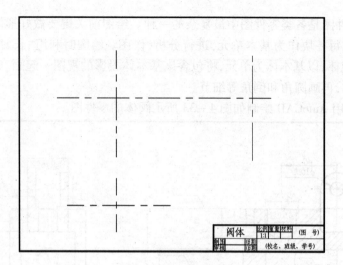

图 4-34 绘制基准线

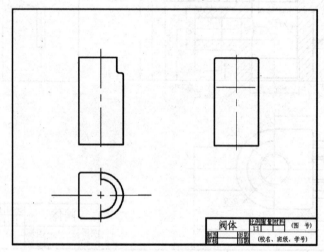

图 4-35 绘制主体结构

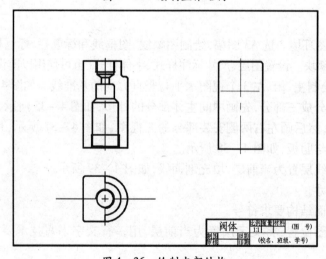

图 4-36 绘制内部结构

64

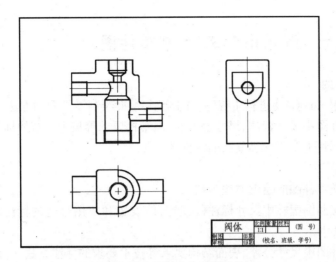

图 4-37　绘制主体两侧结构

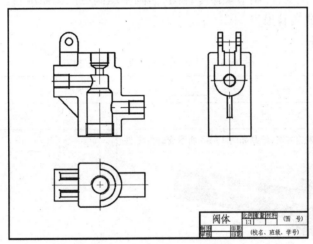

图 4-38　绘制薄板与肋板

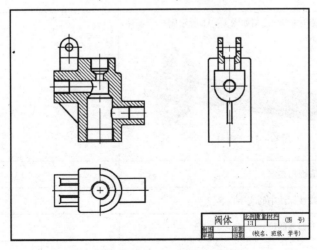

图 4-39　绘制剖面线

4.5 实验六 用 AutoCAD 绘制零件图

一、实验目的

1. 学会使用 AutoCAD 进行工程图样的绘制,掌握绘制零件图的方法和技巧。
2. 掌握零件图中尺寸标注、尺寸公差、表面结构要求等技术要求的标注方法。
3. 能在计算机上绘制较为复杂的零件图。

二、实验内容

1. 熟悉各类零件图的绘图方法与技巧。
2. 根据机械制图国标中尺寸标注的规定,能设置和应用合适的标注样式,正确标注零件图中各种尺寸。
3. 掌握零件图中尺寸公差、表面结构要求等技术要求的标注方法。
4. 练习画阀杆、支杆、调节螺母零件图,为画手压阀装配图做准备。
5. 按要求完成实验报告。

三、实验准备

用 Auto CAD 绘制零件图预习报告

班级_____ 学号_____ 姓名_____ 成绩_____

序 号	题　　目	答　　案
1	选择合适的表达方案,绘制如图 4-40 所示支杆的零件图草图。 图 4-40　支杆	
2	选择合适的表达方案,绘制如图 4-41 所示阀杆的零件图草图。 图 4-41　阀杆	
3	如何快速标注表面粗糙度?	
4	简述如何编辑线性标注中的文字内容。	
5	如何标注带上下偏差的尺寸?	

四、实验报告

用 AutoCAD 绘制例 4-4 中的蜗轮轴零件图,A4 打印出图。

4.6 装配图的绘制

应用 AutoCAD 绘制装配图,一般有拼画画法和直接画法两种方法。

（1）拼装画法:如果已经画好各个零件的零件图,可以直接把零件图插入,按照确定的表达方案拼装成装配图。

（2）直接画法:按照手工画装配图的顺序,依次绘制各组成零件在装配图中的投影,完成装配图。

如图 4 - 42 所示,虎钳是用以夹持工件进行加工的工具,该部件共有 10 种零件,其中标准件 3 种。螺杆固定在底块上,左边用垫圈与两个螺母固定,右边用垫圈轴肩定位,螺杆只能在钳身上转动。动掌通过螺母固定在滑块上,滑块与螺杆螺纹连接,滑块下部嵌入底块内部的槽内,当转动螺杆时,通过滑块带动动掌左右移动,达到开闭钳口夹持工件的目的。底块和动掌上都装有钳口,它们之间通过螺钉连接起来。

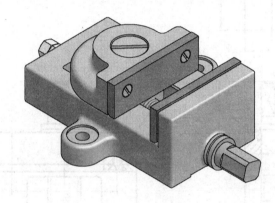

图 4 - 42　虎钳

虎钳的拆卸顺序:拧开虎钳上方的螺母,取下动掌,旋开螺杆左侧的螺母,取下垫圈,旋转螺杆从底块右端抽出,然后可以取出滑块,旋出螺钉即可取下钳口板。因此,绘制虎钳装配图的顺序应按底块—滑块—螺杆—垫圈—螺母 M12—动掌—螺母—钳口—螺钉的顺序依次绘制。

装配图表达方案分析:从拆卸过程可以看出,零件大都集中装配在螺杆上,而且该部件前后对称。因此,主视图可以用全剖视图表达,沿虎钳的前后对称面剖开部件,能够将零件之间的装配关系、相互位置以及工作原理清晰地表达出来。左视图可以用半剖视图,将螺母的轴线放置在底块安装孔轴线的连线位置,这样半个剖视图表达了底块、滑块、动掌、螺母之间的装配连接关系,半个视图同时表达了虎钳的外形。俯视图可以直接画视图,重点表达虎钳的外形。其次主视图没有剖到钳口板上的螺钉连接,可在俯视图上取局部剖视,表达螺钉连接关系。对于主视图与俯视图零件的装配位置应与左视图一致,以保证视图之间的投影对应关系。滑块与螺杆连接的螺纹为非标准螺纹,在主视图中取局部剖表达螺纹结构。

虎钳的装配图如图 4 - 43 所示。

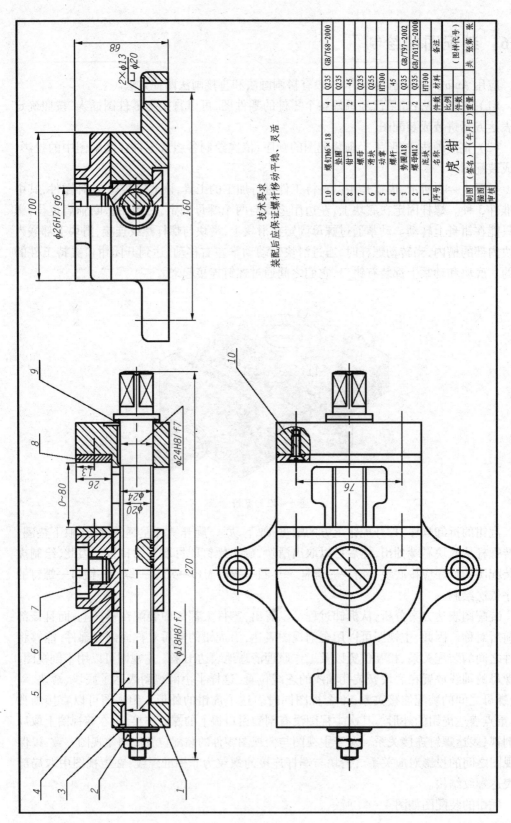

技术要求

装配后应保证螺杆移动平稳、灵活

10	螺钉M6×18	4	Q235	GB/T68-2000
9	垫圈	1	Q235	
8	钳口	2	45	
7	螺母	1	Q235	
6	滑块	1	Q255	
5	动掌	1	HT300	
4	螺杆	1	45	
3	垫圈A18	1	Q235	GB/T97-2002
2	螺母M12	2	Q235	GB/T6172-2000
1	底块	1	HT300	
序号	名称	件数	材料	备注

制图	(签名)	(年月日)	比例		(图样代号)
描图			件数		
审核			重量	共 张 第 张

虎 钳

图 4-43 虎钳装配图

68

例 4 – 6   绘制图 4 – 43 所示的虎钳装配图。

作图步骤:

1. 设置绘图环境。

创建新文件,设置图层、文字样式和尺寸样式等,选 A2 图幅,画图幅线、图框线和标题栏,明细表。

2. 设置中心线层为当前层,画出螺杆的中心线与螺母的中心线及底块的下底面为视图定位,如图 4 – 44 所示。

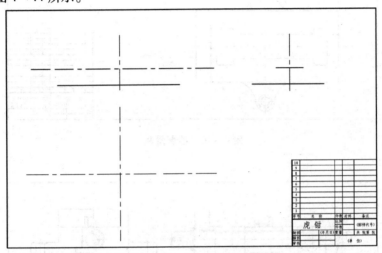

图 4 – 44   绘制基准线

3. 绘制底块的三视图,主视图全剖,左视图半剖,俯视图画外形,如图 4 – 45 所示。

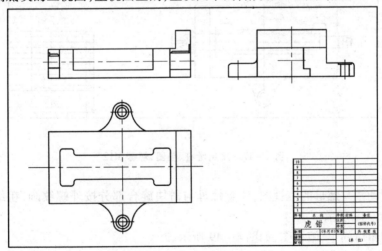

图 4 – 45   绘制底块

4. 绘制滑块的视图,由于装配好虎钳后,滑块在俯视图中将被挡住,因此只绘制全剖的主视图和半剖的左视图,注意上面螺纹孔的绘制,如图 4 – 46 所示。

5. 绘制滑杆的三视图,滑杆是实心杆件,主视图按不剖处理,注意左视图中滑杆与滑块旋合部分按外螺纹画。绘制滑杆左右两侧垫圈与螺母 M12 的三视图,如图 4 – 47 所示。

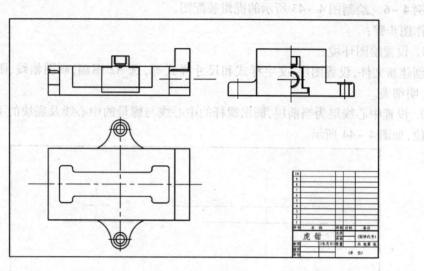

图 4 -46   绘制滑块

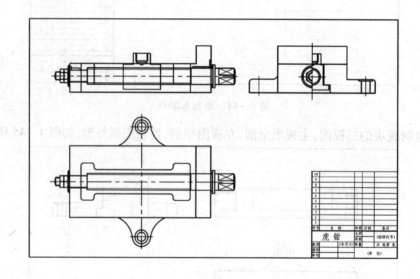

图 4 -47   绘制滑杆、垫圈、螺母 M12

6. 绘制动掌与螺母的三视图,注意螺母与滑块旋合部分按外螺纹画,粗细线要进行修改,如图 4 -48 所示。

7. 绘制钳口的主、俯视图,如图 4 -49 所示。

8. 分析零件的遮挡关系,修改图线。把挡住的图线,重叠的、多余的图线删除。由于螺杆是非标准螺纹,主视图在螺杆与滑块旋合部分增加局部剖,俯视图中也增加一个局部剖,表达钳口与底块的连接关系,如图 4 -50 所示。

9. 用图案填充命令绘制剖视图的剖面线。注意同一个零件的剖面线方向与间隔应一致,相邻的两个或多个剖到的零件要统筹调整剖面线的间隔或倾斜方向。注意螺纹连接处的剖面线填充区域,剖面线应画到粗实线,如图 4 -51 所示。

70

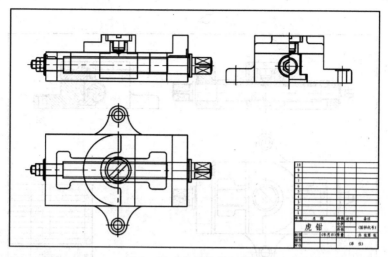

图 4-48 绘制动掌与螺母

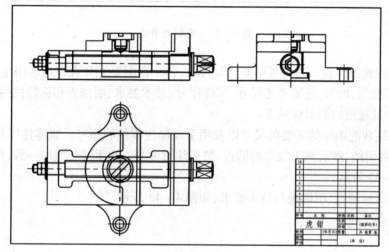

图 4-49 绘制钳口

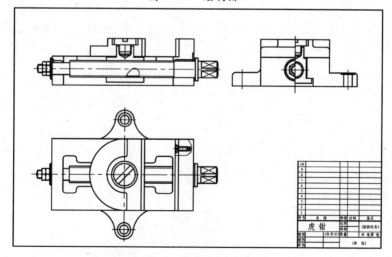

图 4-50 绘制局部剖视图

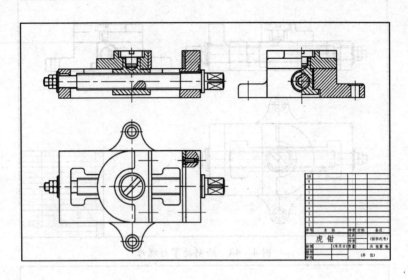

图 4-51　绘制剖面线

10. 调整视图位置。布局视图要全局考虑,各个视图要充分合理地利用空间,又要在图面上分布恰当、均匀,还要考虑尺寸、零件序号、技术要求、明细表和标题栏的填写空间。移动时要保证视图间的对应关系。

11. 标注装配图中的必要的尺寸以及用引线标注零件的序号。画零件序号先画所有横线,再画各引线,然后画引线末端圆点,最后注写编号。水平线长短应一致,序号大小一致,如图 4-43 所示。

12. 填写标题栏、明细表与技术要求,如图 4-43 所示。

13. 保存文件。

4.7 实验七 用 AutoCAD 绘制装配图

一、实验目的

掌握 AutoCAD 绘制装配图的方法和步骤。

二、实验内容

1. 掌握部件的的工作原理以及零件之间的连接关系、装配关系。

2. 掌握部件的装拆顺序,确定装配图的绘图顺序。

3. 能够确定装配图的表达方案。

4. 熟练掌握画装配图的方法和步骤。

5. 熟练掌握装配图中尺寸、零件序号及明细表、技术要求的注写。

6. 熟练掌握完整装配图的绘制。

7. 按要求完成实验报告。

三、实验准备

看懂图 4 – 52、图 4 – 53 所示手压阀装配体及装配示意图,完成预习报告和实验报告。

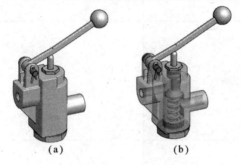

(a)   (b)

图 4 – 52 手压阀

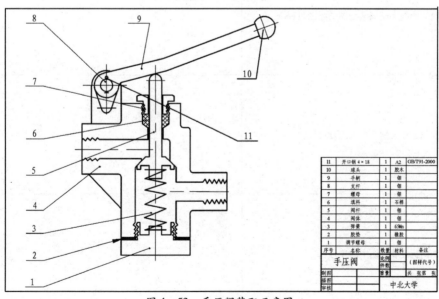

11	开口销 4×18	1	A2	GB/T91-2000
10	球头	1	胶木	
9	手柄	1	钢	
8	支杆	1	钢	
7	螺母	1	钢	
6	填料	1	石棉	
5	阀杆	1	钢	
4	阀体	1	钢	
3	弹簧	1	65Mn	
2	胶垫	1	橡胶	
1	调节螺母	1	钢	
序号	名称	数量	材料	备注

手压阀	比例		(图样代号)
	件数		
制图		重量	共 张第 张
描图			
审核		中北大学	

图 4 – 53 手压阀装配示意图

用 AutoCAD 绘制装配图预习报告

班级_____ 学号_____ 姓名_____ 成绩_____

序 号	题　　目	答　　案
1	简述手压阀的工作原理。	
2	简述手压阀的拆卸顺序。	
3	分析手压阀装配图的表达方法。	
4	简述绘制手压阀装配图的绘图过程。	
5	如何标注装配图中的配合尺寸?	
6	如何标注装配图中的序号?	

四、实验报告

用 AutoCAD 绘制手压阀装配图并用 A4 打印出图,阀体零件图见例 4 – 5,其他相关零件图如图 4 – 54、图 4 – 55 所示。

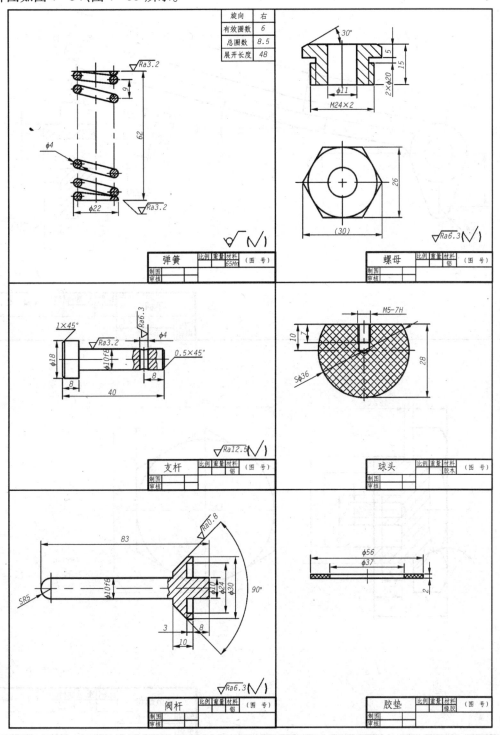

图 4 – 54　弹簧、螺母、支杆、球头、阀杆、胶垫零件图

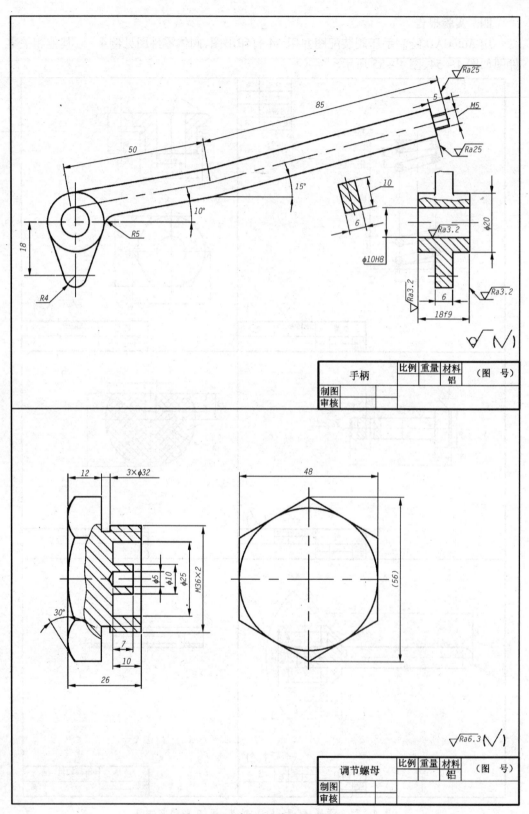

手柄	比例	重量	材料	（图　号）
			铝	
制图				
审核				

调节螺母	比例	重量	材料	（图　号）
			铝	
制图				
审核				

图 4-55　手柄、调节螺母零件图

参 考 文 献

[1] 李虹、暴建岗. 画法几何及机械制图. 北京:国防工业出版社,2008
[2] 李虹、董黎君. 工程制图基础. 北京:高等教育出版社,2011
[3] 李虹. 渗透设计理念培养学生创新意识和设计能力. 北京:中国大学教学.2010.2
[4] 李虹. 以设计为主线改革制图课程培养学生创新能力. 太原:太原科技.2006.2
[5] 张玲,黄宁,程国清,等. AutoCAD 上机实践指导教程. 北京:机械工业出版社,2004

参考文献